37

38

39

40

41

42

43

44

45

46

47

48

49

50

W0349376

Alphabetische Reihenfolge der Bände auf der letzten Seite

memo
Wissen entdecken

Pflanzen

Brombeeren
Rote
Ginseng-Wurzel
Blütenkopf
einer Gerbera
Moos auf ver-
moderndem Holz
Radieschen
Paprika-
schoten
Getrockneter
Ziermais
Fruchtstände des
Spitzwegerichs
Samenkapseln des
Schlafmohns
Blütenstände des
Flohknöterichs

memo
Wissen entdecken

Blüten des Rittersporns

Pflanzen

Garten-stiefmütterchen

Text von
David Burnie

Blütenstand einer Zierform der Schafgarbe

Neubelgische Aster

Früchte der Akelei

Blütenstände des Mutterkrauts

DORLING KINDERSLEY

DORLING KINDERSLEY

London, New York, Melbourne, München und Delhi

Projektbetreuung Helen Parker
Cheflektorat Sue Unstead, Julie Ferris, Jane Yorke
Lektorat Sophie Mitchell, Karen O'Brien, Steve Setford
Bildredaktion Julia Harris, Ann Cannings, Peter Radcliffe
Chefbildlektorat Roger Priddy, Owen Peyton-Jones, Jane Thomas
Art Director Martin Wilson
Programmleitung Andrew Macintyre
Bildrecherche Lorna Ainger, Angela Jones, Harriet Mills
Herstellung Jenny Jacoby, Hitesh Patel, Marc Staples
DTP-Design Siu Yin Ho
Fotos Andrew McRobb (Royal Botanic Gardens, Großbritannien), Karl Shone, Kim Taylor, Jane Burton
Redaktionelle Beratung Angestellte des Natural History Museums (London) und der Royal Botanic Gardens (London)
Umschlaggestaltung Smiljka Surla

Für die deutsche Ausgabe:
Programmleitung Monika Schlitzer
Projektbetreuung Martina Glöde, Janna Heimberg
Herstellungsleitung Dorothee Whittaker
Herstellung Anna Ponton

Bibliografische Information Der Deutschen Bibliothek
Die Deutsche Bibliothek verzeichnet diese Publikation in der Deutschen Nationalbibliografie; detaillierte bibliografische Daten sind im Internet über http://dnb.ddb.de abrufbar.

Titel der englischen Originalausgabe:
Eyewitness Plant

Übersetzung Nixe Duell-Pfaff, Frauke Bahle (S. 64–71, Poster)
Lektorat Margot Wilhelmi
Satz Roman Bold & Black

ISBN 978-3-8310-1897-0

Colour reproduction by Colourscan, Singapore
Printed and bound in China by Toppan

Besuchen Sie uns im Internet
www.dorlingkindersley.de

Inhalt

Was ist eine Pflanze?

Pflanzen sind der Schlüssel zu allem Leben. Ohne sie würden viele andere Organismen bald nicht mehr existieren, denn viele ernähren sich von Pflanzen oder leben auf ihnen. Pflanzen sind etwas Besonderes, denn sie produzieren ihre Nahrung selbst. Als Energiequelle nutzen sie das Sonnenlicht. Es gibt zwei große Gruppen: Die einfachsten Pflanzen bilden keine Blüten, dazu gehören Moose und Farne, aber auch Nadelbäume – die größten Pflanzen weltweit. Die zweite Gruppe sind die Blütenpflanzen, um die es in diesem Buch geht. Verglichen mit der ersten Gruppe sind sie echte Neulinge auf der Erde. Aber sie sind sehr erfolgreich: Etwa eine Viertelmillion Arten gibt es heute. Sie wachsen fast überall – in den Bergen ebenso wie in der Wüste.

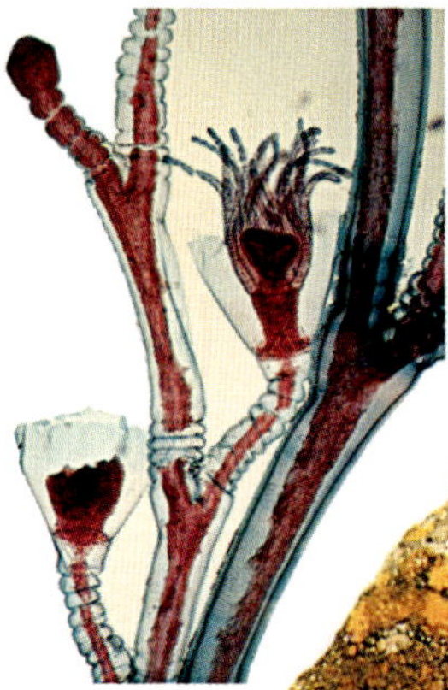

KEINE PFLANZE!
Primitive Pflanzen und Tiere sind manchmal schwer einzuordnen. Die „Äste" des abgebildeten Hohltiers bestehen aus winzigen Tieren, den Polypen, die mit ihren Tentakeln Nahrung einfangen.

Flechten auf Kalkstein

MISCHUNG
Flechten sind Zwitterwesen aus einer Alge und einem Pilz. Die Algenzellen leben zwischen den winzigen Pilzfäden und versorgen diese mit organischen Stoffen, die sie selbst mithilfe des Sonnenlichts erzeugen (S. 14–15). Der Pilz kann diese Nährstoffe nicht selbst bilden und würde ohne die Alge absterben. Flechten wachsen sehr langsam und sind äußerst langlebig.

URZEITLICHE PFLANZEN
Wälder aus bis zu 45 m hohen Riesenbärlappen und Schachtelhalmen prägten einst die Vegetation der Erde (rechts). Im Verlauf von 300 Mio. Jahren wurden ihre Überreste zu Kohle.

Ackerschachtelhalm

Hirschzunge

VERWANDTE GLEICHEN ALTERS
Farne und Schachtelhalme vermehren sich nicht durch Samen, sondern durch Sporen. Sie traten zum ersten Mal vor fast 300 Mio. Jahren auf. Farne zeigen auch heute noch eine große Artenfülle, doch bei den Schachtelhalmen gibt es weltweit nur noch 30 Arten.

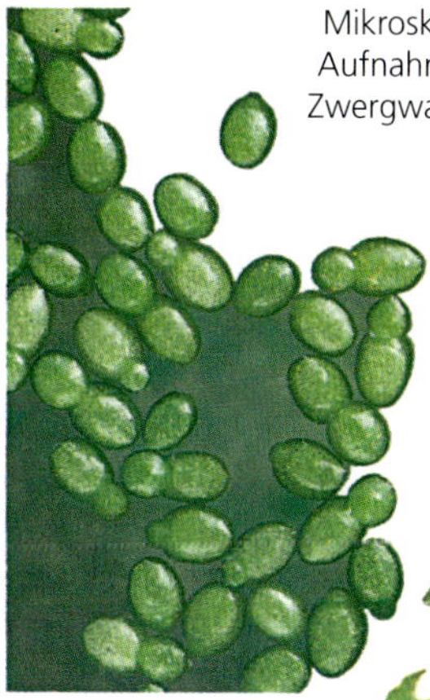

Mikroskopische Aufnahme einer Zwergwasserlinse

RIESEN UND ZWERGE
Mit einer Höhe von über 95 m gehören die kalifornischen Riesenmammutbäume, eine Nadelbaumart, zu den größten Pflanzen der Welt. Die kleinste Blütenpflanze ist die Zwergwasserlinse mit einem Durchmesser von nur 0,3 mm.

Der bandförmige Thallus verzweigt sich während des Wachstums.

LEBERMOOSE
Lebermoose sind blütenlose Pflanzen, die an feuchten Stellen wachsen und sich durch Sporen vermehren.

LAUBMOOSE
Wie die Lebermoose vermehren sich auch die Laubmoose mithilfe von Sporen.

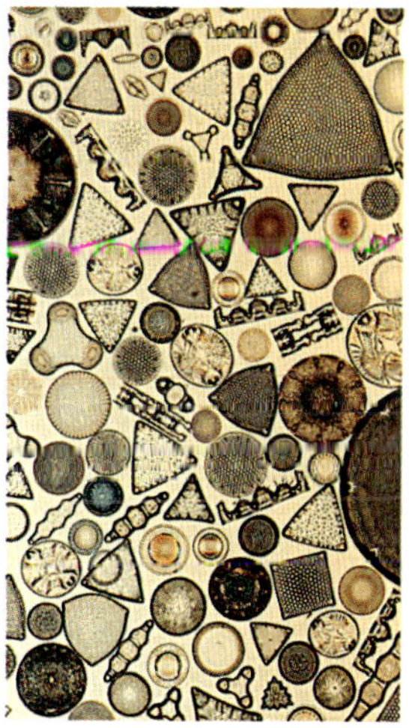

LEBENDE KUNSTWERKE
Algen sind einfache blütenlose Pflanzen. Die einzelligen Kieselalgen (Diatomeen) besitzen harte, durchsichtige Schalen aus Kieselsäure. Diese mikroskopische Aufnahme zeigt verschiedene Diatomeenarten. Sie unterscheiden sich in Form und Musterung der Schale.

Gartenstiefmütterchen

BLÜTENPFLANZEN
Typische Blütenpflanzen wie das Gartenstiefmütterchen zeichnen sich nicht nur durch echte Blüten aus, sondern auch dadurch, dass sich ihre Samen in einer schützenden Hülle, dem Fruchtknoten, entwickeln (S. 17). Aus ihm wird später die Frucht (S. 26–27).

GRÜNER TEPPICH
Einige im Wasser lebende Algen bilden mit ihren langen Zellketten schleimige Algenteppiche.

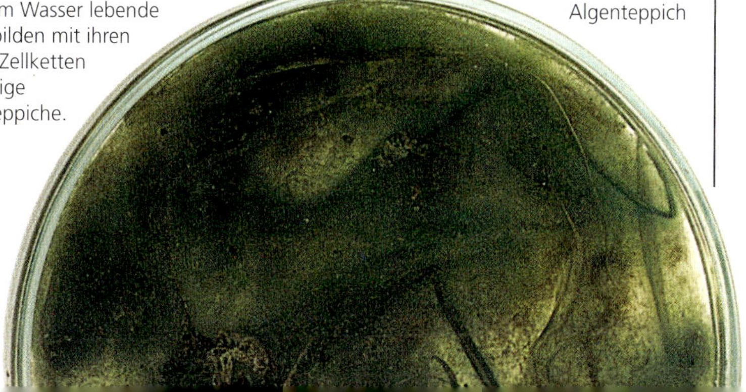

Algenteppich

Aufbau einer Pflanze

Blütenpflanzen sind Tag und Nacht aktiv. Tagsüber absorbieren ihre Blätter Sonnenlicht. Die darin enthaltene Energie wird dazu benutzt, organische Substanzen („Nahrung") in Form von Zuckern zu bilden (S. 14–15). Gleichzeitig müssen Wasser und Mineralien mit den Wurzeln aus der Erde aufgenommen werden. Sobald die Sonne untergegangen ist, kann die Pflanze keine Nahrung mehr produzieren. Stattdessen braucht sie die Nahrung auf oder transportiert sie dorthin, wo sie gerade gebraucht wird. Für diesen Transport besitzen Pflanzen in ihrem Inneren winzige Röhren, die die Wurzeln mit dem Stamm und den Blättern verbinden. Diese Röhren sind lebenswichtig. Werden sie zerstört, welkt die Pflanze oder geht ein.

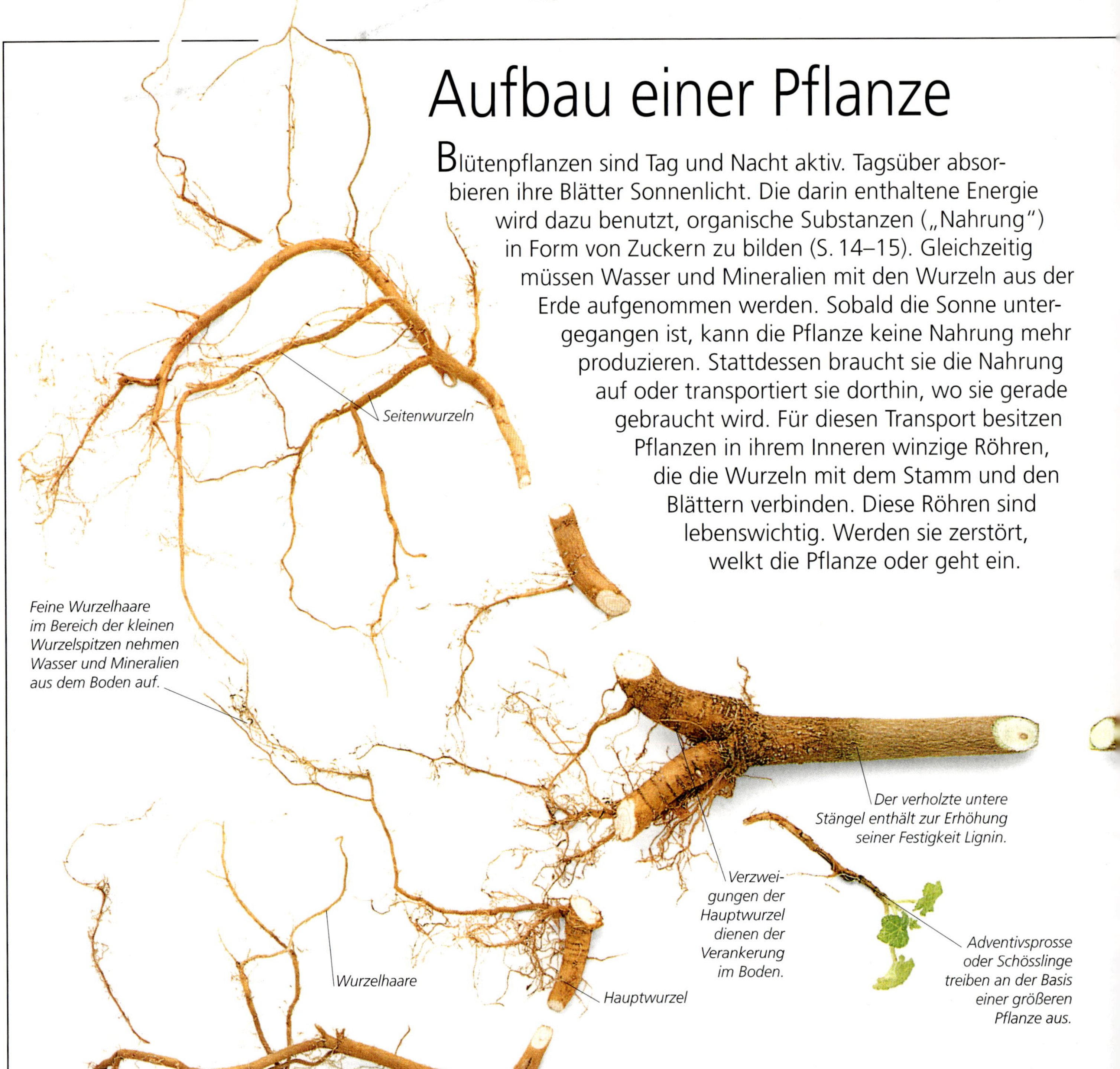

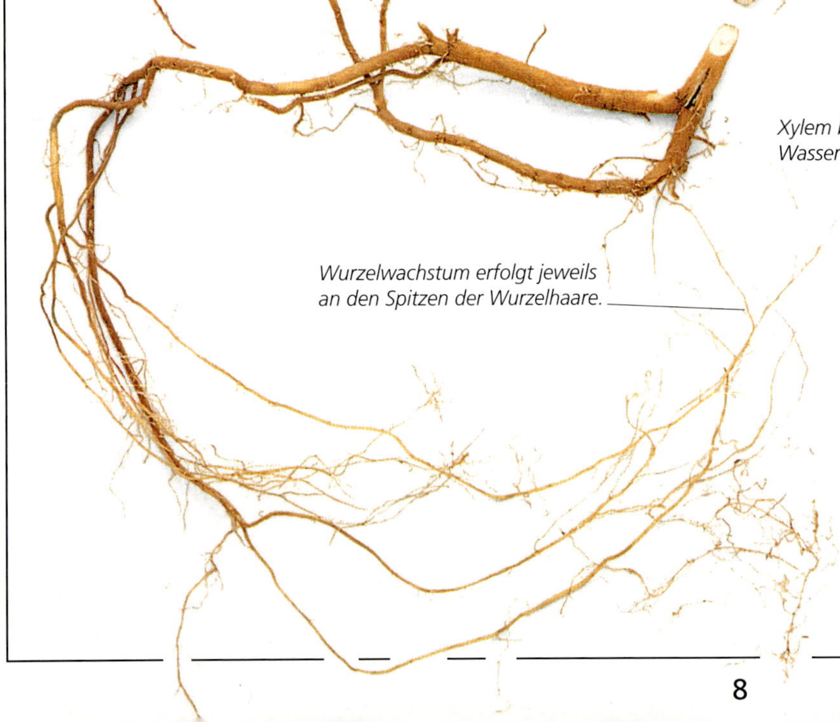

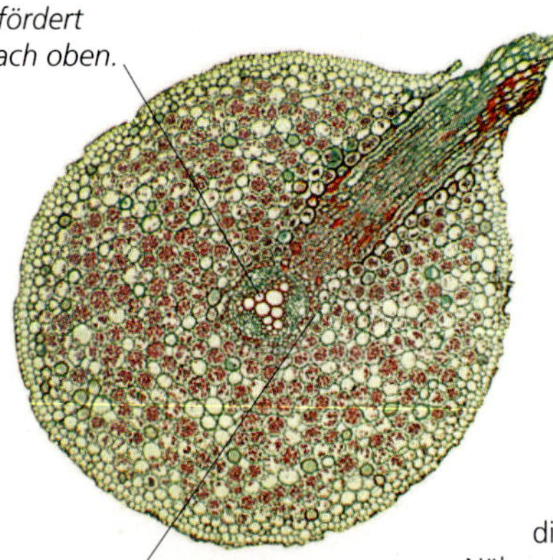

BLICK INS WURZELINNERE
In der Wurzel sind die Leitsysteme in der Mitte angeordnet. Während des Wachstums bildet die Wurzel kleinere Seitenwurzeln, die ebenfalls Wasser und Nährsalze aufnehmen und der Verankerung im Boden dienen. Eine aus schleimigen Zellen bestehende Wurzelhaube bewahrt die Wurzelspitze vor Verletzungen.

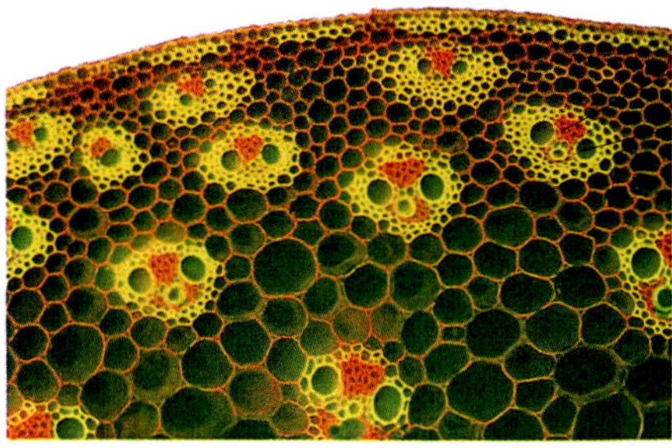

DAS VERSORGUNGSSYSTEM
Wasser, Mineralien und Zucker werden in Bündeln aus röhrenförmigen Zellen transportiert. Ein System, das Xylem, bringt Wasser und Mineralien von den Wurzeln nach oben. Im Phloem wandert Zucker nach oben oder nach unten, je nachdem, wo er gebraucht wird.

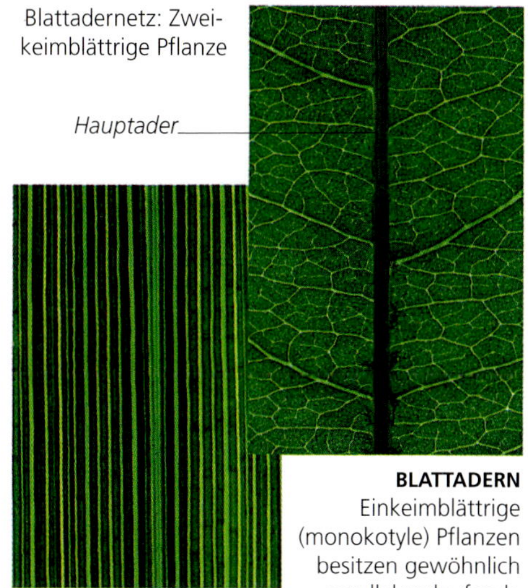

BLATTADERN
Einkeimblättrige (monokotyle) Pflanzen besitzen gewöhnlich parallel verlaufende Blattadern, die Blätter der Zweikeimblättrigen (Dikotylen) weisen ein Adernetz auf.

BLÜTENKNOSPE
Eine Blütenknospe ist von schützenden Kelchblättern umgeben.

AUFSPRINGENDE KNOSPE
Wenn die Blütenblätter über die Kelchblätter hinausgewachsen sind, öffnen sie sich und geben den Blick auf Staubbeutel und Narben (S. 17) frei.

BLÜTE
Leuchtend gefärbte Blütenblätter locken Insekten zur Bestäubung an. Die Staubbeutel liefern Pollen. Reife Narben empfangen Pollen von anderen Blüten (S. 22–23).

TRADITIONSREICHES HOBBY
Dieser Gärtner aus dem 16. Jh. scheint die Kunst des Gartenbaus zu beherrschen, auch wenn seine Geräte sich etwas von den heute gebräuchlichen Gartenwerkzeugen unterscheiden.

Dieser Holzschnitt des Botanikers Clusius (16. Jh.) zeigt eine Malve.

Vom Samenkorn zur Pflanze

In seinem Inneren enthält ein Same neben einem Nahrungsvorrat einen Embryo, aus dem später der Keimling entsteht. Die Nahrung wird benötigt, um den Embryo am Leben zu erhalten und die nötige Energie für den Keimungsprozess zu liefern. Sie ist entweder in einem den Embryo umgebenden Nährgewebe (Endosperm) enthalten oder wird in den Keimblättern (Kotyledonen) aufbewahrt. Ein Same kann über Wochen, Monate oder sogar Jahre ruhen. Dann aber, wenn die äußeren Bedingungen günstig sind, wird er plötzlich lebendig und beginnt zu wachsen. Während der Keimung nimmt der Same Wasser auf, die Zellen des Embryos beginnen sich zu teilen und schließlich wird die Samenschale (Testa) gesprengt. Zuerst erscheint die Keimwurzel (Radikula) und wächst nach unten, ihr folgt die Sprossknospe (Plumula), aus der der Spross mit den Blättern hervorgeht.

1 ERWACHEN
Der Same einer Feuerbohne keimt nur, wenn es dunkel und feucht ist. Zuerst reißt die Samenschale auf, dann erscheint die Keimwurzel und wächst nach unten. Kurz darauf erscheint der Spross, dessen Spitze noch zwischen den Keimblättern verborgen ist. Aus dieser Sprossknospe geht die spätere Pflanze mit ihren Blättern hervor.

2 HINWENDUNG ZUM LICHT
Über der Erde richtet sich die wachsende Sprossknospe auf und wendet sich zum Licht. Die ersten richtigen Blätter (Primärblätter) entfalten sich. Bei der Feuerbohne bleibt die Samenschale mit den Keimblättern in der Erde („hypogäische Keimung"). Bei Pflanzen mit „epigäischer Keimung" (z. B. Sonnenblume) werden die Keimblätter über die Erdoberfläche hinausgeschoben, färben sich grün und versorgen den Keimling mit Nahrung.

KLEIN, ABER OHO!
Wachsende Pflanzen erzeugen großen Druck. So können manche Keimlinge durch den Teerbelag einer neu angelegten Straße wachsen.

3 NUTZUNG DER SONNENENERGIE
Mit der Öffnung der Primärblätter beginnt der Keimling, durch Fotosynthese die für ihn wichtigen organischen Substanzen zu bilden (S. 14–15). Bis zu diesem Zeitpunkt wurde das Wachstum ausschließlich durch die Nahrungsreserven der Keimblätter aufrechterhalten.

KEIMENDES GETREIDEKORN
Weizen gehört zu den einkeimblättrigen Pflanzen (Monokotylen), besitzt also nur ein Keimblatt (S. 9). Der junge Spross wächst nach oben durch die Erde, geschützt durch eine röhrenförmige Scheide, die Koleoptile. Wie bei allen Gräsern befindet sich die Wachstumszone der Blätter direkt über der Erdoberfläche. Auch wenn die Blätter entfernt werden, vermag sie neue Blätter zu treiben. Deshalb treibt gemähtes oder von Kühen abgefressenes Gras von Neuem aus. Andere Pflanzen, z. B. die Bohne, besitzen eine im Bereich der Spitze liegende Wachstumszone (Meristem). Werden sie abgeschnitten oder abgefressen, können sie nur aus Seitenknospen neu treiben.

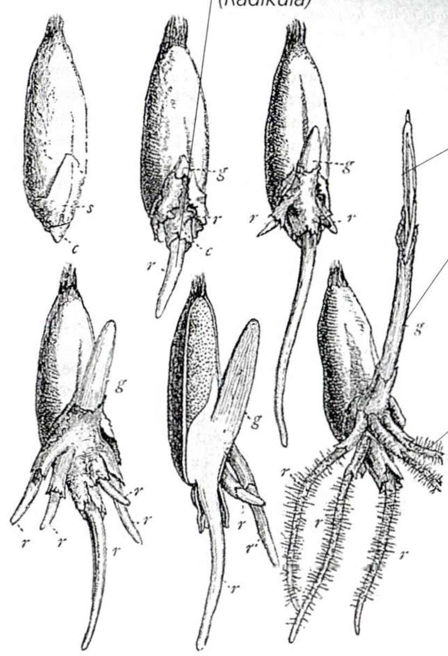

4 EINE SCHNELLLEBIGE PFLANZE
Nach der Keimung wächst die Feuerbohne rasch in die Höhe. Als Kletterpflanze (S. 38) bildet sie keinen stabilen Stängel aus, sondern rankt sich an anderen Pflanzen empor. Unter günstigen Bedingungen bildet sie bereits nach etwa sechs Wochen die ersten Blüten. Nach der Bestäubung (S. 22–23) und Befruchtung entwickeln sich daraus lange samengefüllte Hülsen. Sind die Samen getrocknet, ist der Entwicklungskreislauf der Bohne abgeschlossen.

EIN JAHRESZYKLUS
Manche Pflanzen bilden unterirdische Speicherorgane wie Zwiebeln, Knollen und Rhizome (S. 32–33). Jeden Herbst sterben z. B. die Blätter des Aronstabs ab, im nächsten Frühjahr werden sie durch neue ersetzt, die aus Knospen der unterirdischen Knolle hervorgehen.

Das Wunder des Blühens

Alle Pflanzen besitzen ein Kontrollsystem, das sicherstellt, dass sie zur richtigen Zeit blühen. Die einen brauchen viel Wärme, andere blühen erst, wenn die Erde von Wasser durchtränkt ist. Für viele ist die Länge der Nacht entscheidend. Pflanzen können den Unterschied zwischen Tag und Nacht nicht sehen, aber sie nehmen ihn mithilfe bestimmter chemischer Substanzen wahr. Diese innere Uhr erkennt die Jahreszeiten, die wiederum für die Tageslänge verantwortlich sind. Viele Pflanzen blühen im späten Frühjahr oder im Frühsommer, wenn die Tage länger werden. Zu dieser Jahreszeit schwirren besonders viele Insekten durch die Luft, die die Pflanzen bestäuben. Andere Pflanzen wie die Kapuzinerkresse warten den Hochsommer ab. So können sie ordentlich wachsen, bevor die Blütezeit naht. Nur wenige Pflanzen, zum Beispiel Chrysanthemen, brauchen kurze Tage und lange Nächte, um zu blühen. Sie schmücken sich im Spätsommer oder Herbst mit Blüten, wenn andere Pflanzen bereits Samen tragen. Manche Pflanzen blühen allerdings bei jeder Tageslänge. Hat sich die Blüte erst einmal geöffnet, spielen andere Faktoren eine Rolle. Viele Blumen wenden sich beispielsweise immer der Sonne zu oder schließen sich über Nacht.

DIE BLÜTE ÖFFNET SICH
Die Kapuzinerkresse gehört zu einer in Südamerika beheimateten Familie. In weiter vom Äquator entfernt gelegenen Ländern bildet sie ihre Blüten im Hochsommer, wenn die Lichtbedingungen für sie am günstigsten sind. Jede Knospe wird von fünf Kelchblättern schützend umgeben. Beim Aufblühen öffnen sich die Kelchblätter und fünf leuchtend orangefarbene Blütenblätter entfalten sich. Am hinteren Ende der Blüte befindet sich ein langer Sporn. In ihm wird Nektar erzeugt, der bestäubende Insekten zur Blüte lockt.

BLÜTENPRACHT
Saftmale genannte Muster weisen den Insekten den Weg zum Nektar. Um zu ihm zu gelangen, müssen die Insekten jedoch über die Staubbeutel klettern (S. 17), wo sie mit Pollen bepudert werden. Wenig später verwelken die Staubbeutel. Jetzt sind die drei Narben (S. 17) herangereift und somit aufnahmebereit für den Pollen anderer Pflanzen, der von Nektar suchenden Insekten an ihnen abgestreift wird.

Lebenszyklus einer Pflanze

Blütenpflanzen haben eine sehr unterschiedliche Lebensdauer, von wenigen Monaten bis zu Jahrhunderten. Der Klatschmohn keimt, blüht, setzt Samen an und stirbt innerhalb eines einzigen Jahres. Er ist eine einjährige (annuelle) Pflanze. Zweijährige Pflanzen (Bienne) wie die Wilde Möhre (S. 55) blühen erst im zweiten Jahr. Das erste Jahr dient dem Wachstum und der Anlage von Nahrungsreserven in einer fleischigen Wurzel. Mehrjährige Pflanzen benötigen noch länger bis zur ersten Blüte. Ausdauernde (perennierende) Pflanzen bringen mehrere Jahre hintereinander Blüten und Samen hervor. Ausdauernde Unkräuter wie der Löwenzahn (S. 30–31) stellen ein Problem für Gärtner dar, weil ihre lange Lebensdauer ihnen Zeit gibt ein weit verzweigtes Wurzelsystem auszubilden.

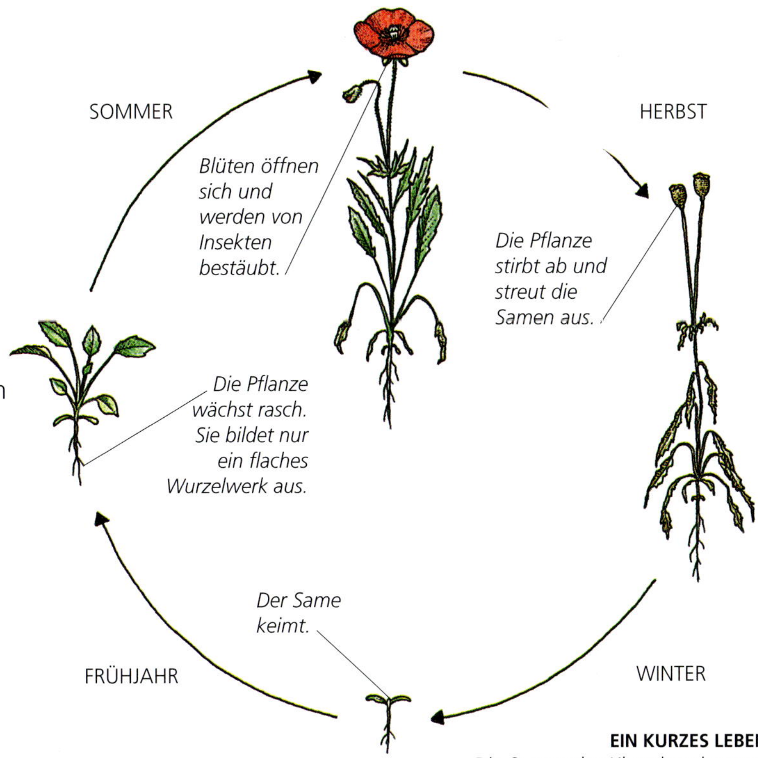

EIN KURZES LEBEN
Die Samen des Klatschmohns aus dem Vorjahr keimen bereits im zeitigen Frühjahr. Die junge Pflanze wächst schnell heran und bildet nur flache Wurzeln aus. Die Blütenknospen werden im Frühsommer angelegt und öffnen sich im Hochsommer. Sobald die Blüten von Insekten bestäubt sind, verwelken die Blütenblätter, die Samenentwicklung beginnt. Im Herbst stirbt die Pflanze ab, ihre Samen werden vom Wind ausgestreut. Im nächsten Frühjahr beginnt der Kreislauf von Neuem.

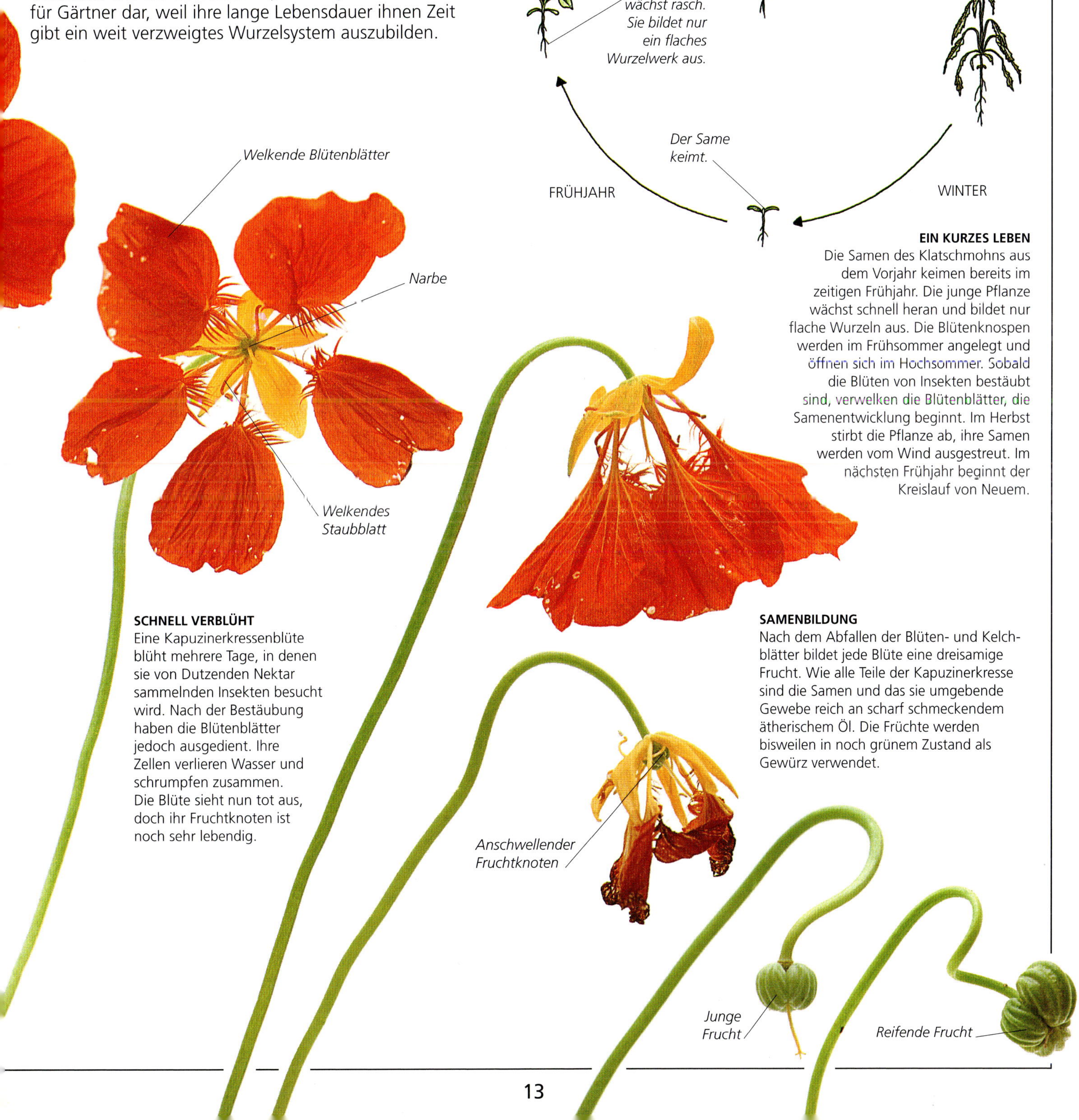

SCHNELL VERBLÜHT
Eine Kapuzinerkressenblüte blüht mehrere Tage, in denen sie von Dutzenden Nektar sammelnden Insekten besucht wird. Nach der Bestäubung haben die Blütenblätter jedoch ausgedient. Ihre Zellen verlieren Wasser und schrumpfen zusammen. Die Blüte sieht nun tot aus, doch ihr Fruchtknoten ist noch sehr lebendig.

SAMENBILDUNG
Nach dem Abfallen der Blüten- und Kelchblätter bildet jede Blüte eine dreisamige Frucht. Wie alle Teile der Kapuzinerkresse sind die Samen und das sie umgebende Gewebe reich an scharf schmeckendem ätherischem Öl. Die Früchte werden bisweilen in noch grünem Zustand als Gewürz verwendet.

Vom Licht leben

Anders als Tiere sind Pflanzen nicht darauf angewiesen, Nahrung zu suchen. Sie können die für ihren Aufbau und die Aufrechterhaltung ihrer Lebensfunktionen unentbehrlichen organischen Stoffe an Ort und Stelle selbst herstellen. Eine Schlüsselfunktion kommt dabei dem Chlorophyll zu. Mithilfe dieses Blattfarbstoffs, der ihnen ihre charakteristische grüne Farbe verleiht, können Pflanzen die Energie des Sonnenlichts in chemische Energie umwandeln. Mithilfe der Sonnenenergie verbinden sie Wasser und Kohlendioxid, das Ergebnis ist ein energiereicher Zucker, die Glukose. Diesen Prozess nennt man Fotosynthese. Er funktioniert wie ein Lagerfeuer, nur umgekehrt: Während das Feuer Material verbrennt und dabei Energie freisetzt, nimmt Fotosynthese Energie auf und produziert damit Pflanzenmaterial. Mithilfe der Fotosynthese erzeugen Pflanzen Milliarden von Tonnen an Nahrungsmitteln pro Jahr. Ohne Pflanzen könnten viele Lebewesen nicht existieren, denn sie hätten nichts, wo von sie sich ernähren könnten.

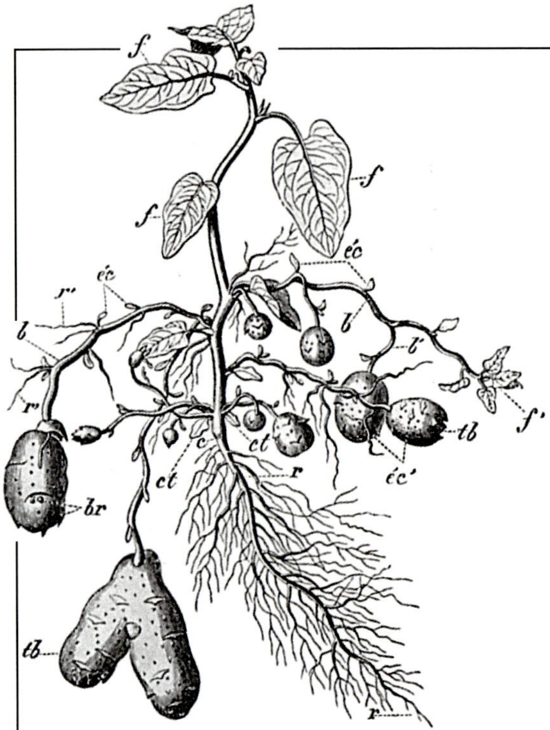

UNTERIRDISCHE SPEICHER
Kartoffeln sind zu Knollen umgewandelte unterirdische Sprosse. Sie speichern die von der Pflanze gebildeten Fotosyntheseprodukte v. a. in Form von Stärke. Diese dient der Versorgung der jungen Sprosse, die sich im nächsten Jahr aus den Knospen der Knolle entwickeln. Kartoffeln sind auch für den Menschen ein wichtiges Nahrungsmittel. Durch Züchtung entstanden viele Sorten mit großen Knollen.

EINE PFLANZE IM DUNKELN
Diese Kartoffel wurde sechs Monate in fast völliger Dunkelheit gehalten. Eine solche Behandlung hätten viele andere Pflanzen nicht überlebt. Die Kartoffel aber hat überlebt und sogar einige Wurzeln und Sprosse gebildet, obwohl sie wegen des Lichtmangels nicht zur Fotosynthese in der Lage war. Die jungen Kartoffelsprosse lebten allein von den Reserven, die die Mutterpflanze während des vorangegangenen Jahres in der Kartoffelknolle gespeichert hat. Die in Stärkekörnern gespeicherte Energie wurde für das Wachstum freigesetzt.

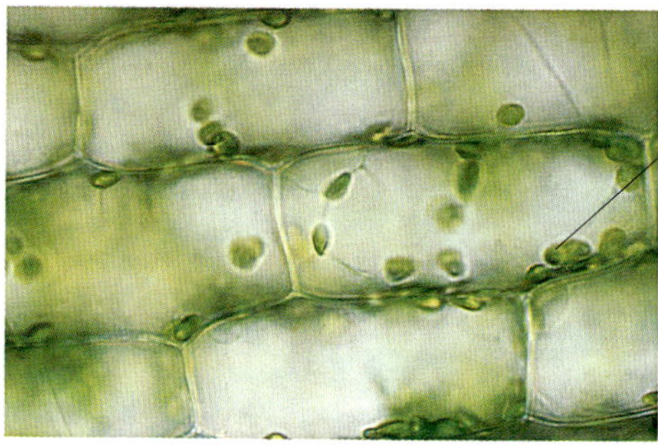

DIE SONNENKOLLEKTOREN DER PFLANZE

In den Blattzellen grüner Pflanzen gibt es winzige Organellen, die Chloroplasten. Sie enthalten das grüne Pigment Chlorophyll, das Licht absorbiert, und arbeiten wie kleine Solarzellen. Die von den Chloroplasten gesammelte Energie wird benutzt, um aus Kohlendioxid und Wasser Zucker herzustellen (Fotosynthese).

ZUCKERSPEICHERUNG

Pflanzen können Nährstoffe in Form von Zucker, Stärke oder Fett speichern. Die Zwiebelpflanze besitzt eine unterirdische „Vorratskammer" in Form der Zwiebel (S. 33), in der sie Zucker einlagert. Diese werden verbraucht, wenn die Pflanze im zweiten Jahr wieder austreibt und blüht. Zucker färben sich beim Erhitzen braun, sie karamellisieren, daher werden auch Zwiebeln beim Rösten braun.

RASCHE WIEDERBELEBUNG

Drei Wochen nachdem sie aus der Dunkelheit geholt wurden, sind die Triebe der Kartoffelpflanze grün und wachsen kräftig. Da sie nun genügend Chlorophyll besitzt, kann die wachsende Kartoffelpflanze genügend Sonnenlicht aufnehmen, um eigene Vorräte anzulegen. Ausgepflanzt würde sie die durch die Blätter aufgenommene Energie in neuen Kartoffelknollen speichern. Die alte Knolle würde, da sie nicht mehr gebraucht wird, zusammenschrumpfen und absterben.

Aufbau einer einfachen Blüte

Bei den einfachsten Blüten sind die einzelnen Teile in Kreisen oder Wirteln angeordnet.

Im Lauf der Evolution ist eine Vielzahl von Blüten entstanden. Die Natur hat gerade hier eine überwältigende Fülle an Formen und Farben entfaltet. Obendrein hat der Mensch durch Züchtung noch bizarrere oder farbenprächtigere Blüten geschaffen, als die wilden Vorfahren der Zuchtpflanzen sie aufwiesen. Doch hinter dieser verwirrenden Fülle steckt ein gemeinsames Grundprinzip. Alle Pflanzen nutzen dieselben Strukturen, um Samen zu produzieren. Die Lilienblüte auf diesen beiden Seiten ist einfach gebaut. Ihre Teile sind nicht miteinander verwachsen und können daher klar unterschieden werden. Die männlichen Teile, die Staubblätter, bringen den Pollen hervor. Die weiblichen, die Fruchtblätter, bilden die Eizellen. In den Fruchtblättern entstehen auch die Samen. Staub- und Fruchtblätter sind von den Blütenblättern und den Kelchblättern, dem Perianth (Blütenhülle) umgeben, das der Anlockung von Insekten dient. Wenn sich, wie bei der Lilie, Kelch- und Kronblätter nicht unterscheiden, spricht man von einem Perigon.

Staubblatt (Stamen)

Fruchtblatt

Blütenblätter (Petalen) bildenden inneren Kreis.

Offene Lilienblüte

Kelchblätter (Sepalen) bilden den äußeren Kreis.

Perigon: Die gleich gestalteten Kelch- und Blütenblätter werden als Tepalen bezeichnet.

Frucht- und Staubblätter liegen dicht beieinander.

Tepalen schützen die männlichen und weiblichen Teile der Blüte.

DIE LILIENGEWÄCHSE
Die Lilien gehören zu einer der größten Familien der Blütenpflanzen.

WIE SICH EINE BLÜTENKNOSPE ÖFFNET
In der Blütenknospe der Lilie liegen männliche und weibliche Teile dicht beieinander in der schützenden Hülle (Perianth) aus Kelch- und Blütenblättern. Die Knospe öffnet sich, weil zu einem bestimmten Zeitpunkt manche Blütenteile ihr Wachstum im Vergleich zu anderen beschleunigen. Die Innenseiten der Perigonblätter wachsen z. B. rascher als ihre Außenseiten, sodass sich die Perigonblätter an der Basis nach außen biegen. Gleichzeitig führt ein ungleiches Wachstum entlang der Perigonblattränder zur Entfaltung.

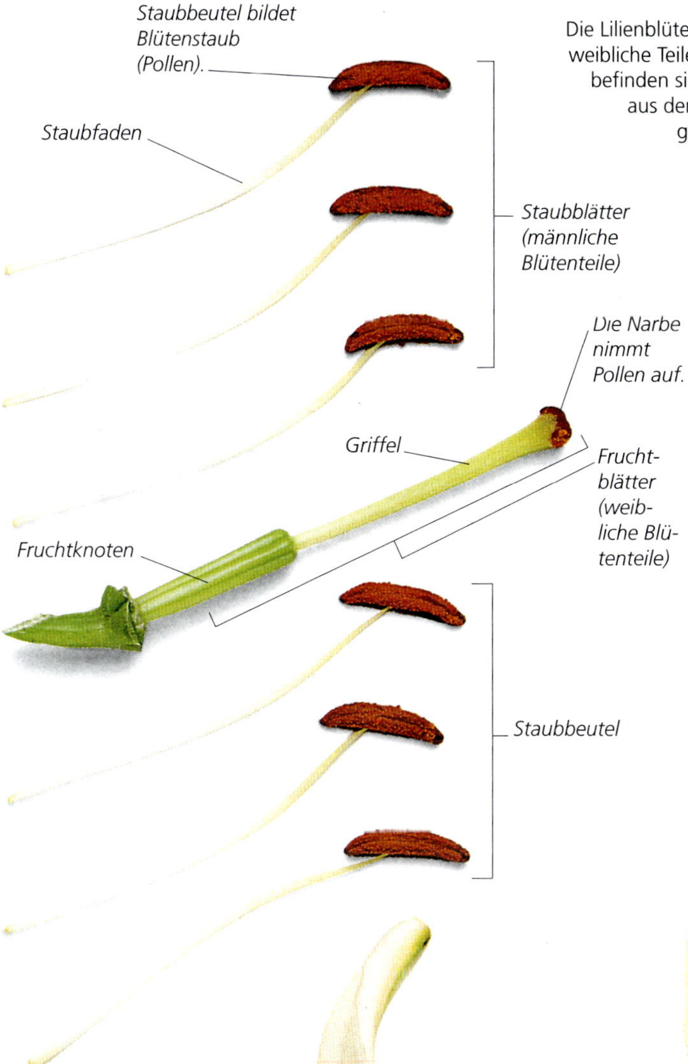

DER FORTPFLANZUNGSAPPARAT

Die Lilienblüte besitzt sowohl männliche als auch weibliche Teile. Die weiblichen, die Fruchtblätter, befinden sich in der Blütenmitte. Sie bestehen aus dem Fruchtknoten, in dem die Samen gebildet werden, und der durch den Griffel mit dem Fruchtknoten verbunden Narbe. Diese empfängt bei der Bestäubung den Blütenstaub (S. 22–23). Die männlichen Teile der Blüte sind die sechs gleichartigen Staubblätter. Jedes Staubblatt besteht aus einem Staubbeutel, in dem der Blütenstaub gebildet wird, und einem Staubfaden, der den Staubbeutel trägt. Ist der Pollen reif, platzt der Staubbeutel auf und bepudert Insekten mit seinem Inhalt, der so zur nächsten Blüte gelangt.

„SCHICHTWECHSEL"

Die männlichen und weiblichen Teile einer Blüte reifen oft zu unterschiedlichen Zeiten. So wird eine Selbstbestäubung der Blüte verhindert. Oben sind die Blüten des Waldstorchschnabels in drei verschiedenen Phasen zu sehen. Bei den ersten beiden Blüten (von links) ist die Narbe noch nicht reif und kann daher nicht durch den Pollen der bereits reifen Staubbeutel bestäubt werden. Ist die Narbe dann reif (rechts), sind die Staubbeutel bereits leer und nach hinten geneigt.

LOCKENDER STERN

Die Fortpflanzungsorgane der Lilienblüte werden umgeben von drei kreisförmig angeordneten Kelchblättern (außen) und drei ebenfalls kreisförmig angeordneten Blütenblättern (innen). Da Kelch- und Kronblätter gleich aussehen, werden sie als Tepalen bezeichnet, die Blütenhülle als Perigon. Durch die leuchtend weiße Farbe und die auffällige Zeichnung wirken die Tepalen wie Werbetafeln auf Nektar suchende Insekten. Doch nicht alle Blüten sehen so aus. Manche besitzen auffällige Kronblätter, aber unscheinbare, nur dem Schutz der Blütenknospe dienende Kelchblätter. Umgekehrt kann der Schauapparat der Blüte auch von bunten, stark vergrößerten Kelchblättern gebildet werden.

Eine komplizierte Blüte

Auf dieser Doppelseite wird die Blüte des Drüsigen Springkrauts beschrieben. Obwohl sie die gleichen Grundstrukturen aufweist wie die auf Seite 16–17 abgebildete Lilienblüte, lässt sich äußerlich keine Ähnlichkeit feststellen. Die Blüte des Drüsigen Springkrauts ist sehr viel komplizierter gebaut und zeigt eine durch lange Evolution entstandene Spezialisierung auf Insekten mit besonders langen Saugrüsseln, wie zum Beispiel Bienen. Die Bienen werden von dem süßen Nektar angelockt, der in einem spornartigen Fortsatz im hinteren Bereich der Blüte gebildet wird. Um an diesen Nektar zu gelangen, muss eine anfliegende Biene zuerst auf einer von den Blütenblättern gebildeten Plattform landen. Sie muss dann in die Blüte hineinkriechen und ihren langen Rüssel ausfahren. Dabei berührt ihr Rücken die Staubgefäße. Sie wird mit Pollen eingepudert, den sie dann zur nächsten Blüte trägt.

Seitenansicht einer Blütenknospe

Die Blüten der traubigen Blütenstände blühen nacheinander auf.

SANFTE BERÜHRUNG

Eine Passionsblume hat drei Staubbeutel, die Lilienblüte nur einen. Insekten fliegen Passionsblumen an, um an den Nektar am Grund der Blüten zu gelangen. Wenn sich die Passionsblume öffnet, stäuben die unter den Narben befindlichen Staubbeutel Pollen auf den Rücken der Insekten. Einige Stunden später beugen sich die Narben herab, bis sie tiefer liegen als die nun leeren Staubbeutel. Jetzt berühren sie den Rücken der Blüten besuchenden Insekten und nehmen so den Blütenstaub auf.

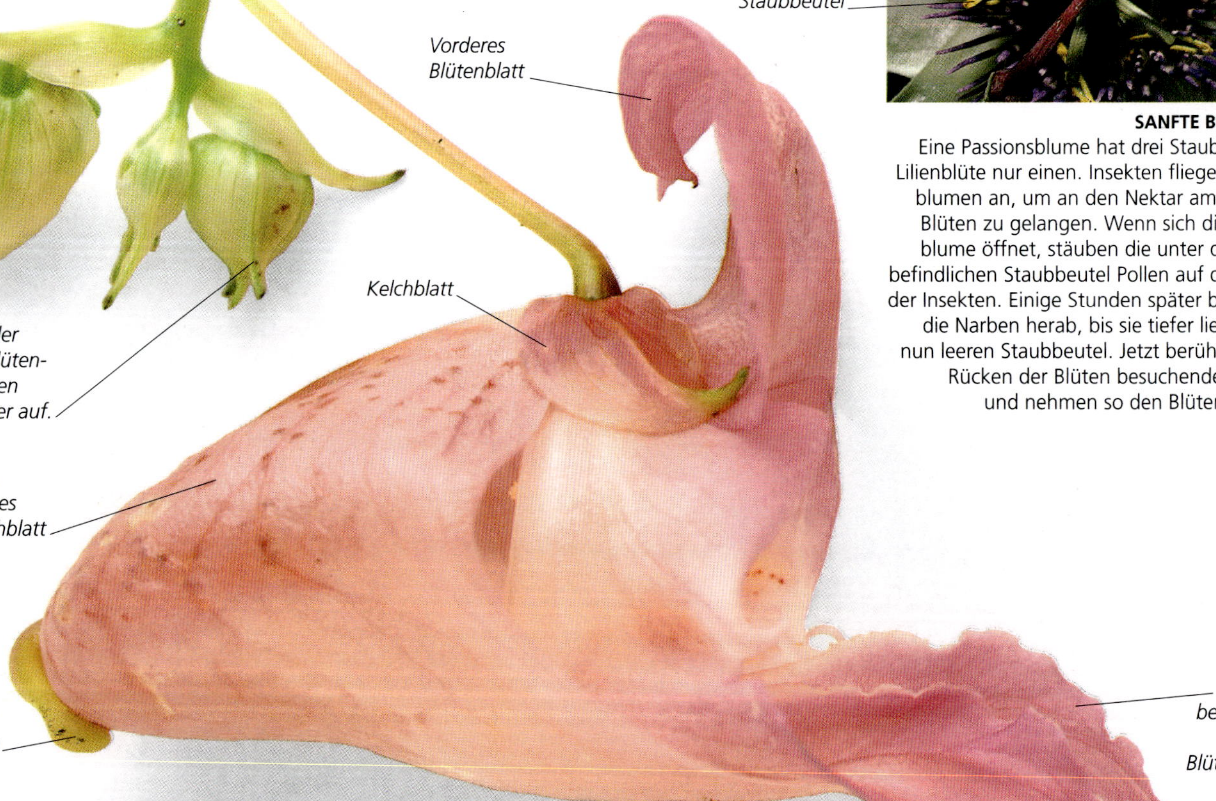

Seitenansicht einer aufgeblühten Blüte

VERLOCKUNG FÜR INSEKTEN

Die Blüten des Drüsigen Springkrautes besitzen drei Kelch- und fünf Blütenblätter und sind dorsiventral, d. h., sie lassen sich in zwei symmetrische Hälften zerlegen. Zwei der Kelchblätter dienen nur dem Schutz der Blütenknospe. Sie sitzen als kleine Läppchen an der Basis der Blüte. Das dritte hat sich im Lauf der Evolution stark vergrößert und zu einem Sack umgeformt. Am hinteren Ende dieses Sacks befindet sich der Nektarsporn.

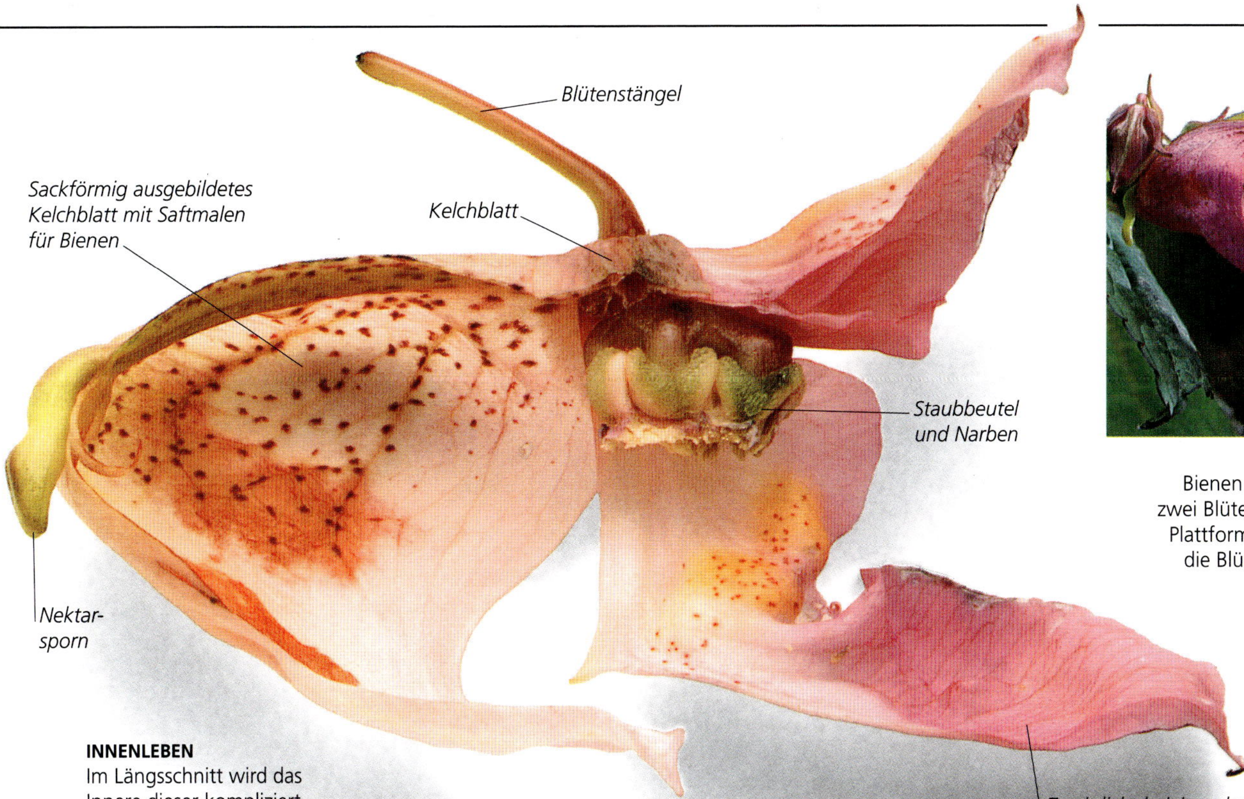

INNENLEBEN
Im Längsschnitt wird das Innere dieser kompliziert gebauten Blüte sichtbar.

DER EINSTIEG
Bienen landen auf einer aus zwei Blütenblättern gebildeten Plattform und kriechen tief in die Blüte hinein, um an den Nektar zu gelangen.

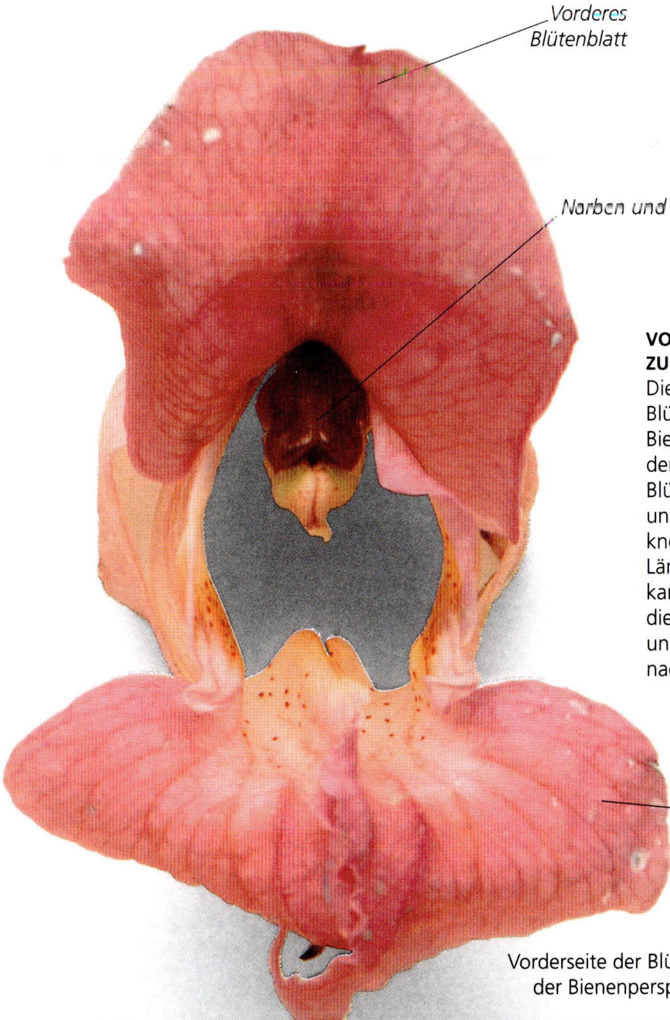

Vorderseite der Blüte aus der Bienenperspektive

Aus der Blüte entfernte Narben und Staubbeutel

VON DER BLÜTE ZUM SAMEN
Die leuchtend gefärbten Blütenblätter locken Bienen zur Blüte. Nach der Bestäubung sind die Blütenblätter überflüssig und fallen ab. Der Fruchtknoten wächst nun in die Länge und bildet eine fünfkantige Samenkapsel. Ist diese reif, springt sie auf und schleudert die Samen nach allen Seiten davon.

Junge Samenkapsel

Reife Samenkapsel

Blütenvielfalt

Wie viele Einzelblüten sind auf diesen beiden Seiten abgebildet? Die Beantwortung dieser Frage ist nicht so einfach, wie man vielleicht denkt. Viele der rund 3300 Blüten kann man nämlich nur mithilfe eines Vergrößerungsglases zählen. Pflanzen wie die Tulpe haben jeweils nur eine einzige Blüte. Andere, zum Beispiel die Hundsrose, haben viele Blüten, die sich aber voneinander unabhängig entwickeln und blühen. Bei der Mehrzahl der hier abgebildeten Pflanzen jedoch sind die Blüten gruppenweise, in Blütenständen, angeordnet. Blütenstände können sehr unterschiedlich aussehen und unterscheiden sich hinsichtlich der Größe und Zahl ihrer Blüten beträchtlich. Die größte Einzelblüte der Welt, die Blüte der Rafflesia (S. 44–45), erscheint zwergenhaft neben dem größten Blütenstand, dem „Kerzenschopf" einer in Südamerika heimischen Puya. Dieser erreicht eine Höhe von bis zu 10 m.

Geißblatt

Akanthus

Königskerze

Schmalblättriges Weidenröschen

Hundsrose

STRAHLIGE BLÜTEN *oben*
Bei einer strahligen oder radiären Blüte sind alle Teile, d. h. Kelch-, Blüten-, Staub- und Fruchtblätter, in konzentrischen Kreisen angeordnet (Beispiel: Hundsrose).

Die Tudorrose: eine stilisierte Hundsrose

Die Schwertlilie hat eine dreistrahlige Blüte.

Schwertlilie (Iris)

BLÜTENÄHREN ODER- TRAUBEN *links*
In Ähren oder Trauben stehende Blüten erblühen meist nacheinander von unten nach oben. Wenn sich die letzte Blüte an der Spitze öffnet, hat die unterste meist bereits Samen angesetzt.

DORSIVENTRALE BLÜTEN *rechts*
Im Gegensatz zu strahligen Blüten besitzen dorsiventrale nur eine Symmetrieachse. Sie lassen sich nur in zwei Hälften teilen.

Gartenwicke

AUFFÄLLIGE TEPALEN
Die Kelch- und Blütenblätter einiger Blüten sind so ähnlich, dass es schwerfällt, sie auseinanderzuhalten. Diese Tepalen (S. 16) können leuchtend bunt gefärbt sein.

KEINE „STRAHLEN"?
Korbblütler besitzen nicht immer ausgeprägte Strahlblüten. Die für die meisten Kamillen charakteristischen großen weißen Strahlen (rechts) fehlen bei einigen Arten (links davon).

BLÜTENKÖPFE
Die Blütenstände (Köpfchen) der Sonnenblume oder des Gänseblümchens sind aus Hunderten kleiner Einzelblüten zusammengesetzt. Um die Scheibenblüten im Zentrum sind mit einem blutenblattartigen „Strahl" versehene Strahlblüten angeordnet, die als Schauapparat dienen. Bei der Schafgarbe (unten) besteht jedes Blütenköpfchen aus vielen Scheibenblüten, die von etwa fünf Strahlblüten umgeben sind. Die Blütenköpfchen bilden zusammen einen noch größeren, doldenähnlich zusammengesetzten Blütenstand mit insgesamt etwa 1000 Einzelblüten.

DOLDEN
Kleine Blüten sind in Gruppen nicht nur besser sichtbar, sie bilden auch einen besseren Landeplatz für Insekten. Bei Pflanzen aus der Familie der Doldenblütler, wie dem Bärenklau (rechts), sind die Blüten in schirmförmigen Blütenständen, den Dolden, angeordnet. Mannstreu (links) ist ein ungewöhnlicher Doldenblütler, denn er trägt köpfchenförmige Dolden.

Bestäubung

Die leuchtenden Farben und faszinierenden Formen vieler Blüten sind im Lauf von Jahrmillionen entstanden, um die Übertragung von Blütenstaub (Pollen) von einer Pflanze auf die andere zu gewährleisten. Pollen muss von den Staubbeuteln zur Narbe gelangen (S. 16–17), damit eine Blüte befruchtet wird und Samen ansetzen kann. Einige Pflanzen können sich selbst bestäuben (Selbstbestäubung), die meisten aber benötigen den Blütenstaub anderer Pflanzen der gleichen Art (Fremdbestäubung). Pollen kann durch Wind und durch Wasser übertragen werden, die wichtigsten Bestäuber aber sind Insekten. Daher locken viele Pflanzen Insekten durch leuchtende Farben und Nahrung in Form von Nektar zu ihren Blüten. Während das Insekt in der Blüte frisst, wird Blütenstaub aus den Staubbeuteln auf seinen Körper übertragen, oft an einer ganz bestimmten Stelle, etwa am Rücken oder am Kopf. Die Narbe der nächsten Blüte liegt dann so, dass sie den Pollen genau von dieser Stelle aufnehmen kann. Einige Blüten werden von einer ganzen Reihe unterschiedlicher Insekten bestäubt, zum Beispiel von Bienen, Hummeln, Schwebfliegen und Schmetterlingen. Andere sind dagegen auf ganz bestimmte Tierarten als Bestäuber angewiesen: Manche Yucca-Arten werden nur von einer kleinen Motte, der Yuccamotte, bestäubt. Als Gegenleistung bietet die Pflanze der Motte Unterkunft und Verpflegung.

BIENENKORB
Arbeitsbienen bringen Nektar und Pollen für die Brut heim in den Stock.

„IMBISSSTUBE" BLÜTE
Die Saftmale einer Blüte (S. 12) leiten die Bienen zum Nektar. Bienen sammeln nicht nur Nektar, sondern auch Pollen, den sie in den „Höschen" an den Hinterbeinen zum Bienenstock transportieren.

ERSCHWERTER ZUGANG
Die Blüten des Gemeinen Leinkrauts werden von Hummeln bestäubt. Um an den Nektar im hinteren Teil der Blüte zu gelangen, muss sich die Hummel jedoch mit großem Kraftaufwand in den durch einen Gaumen verschlossenen Rachen der Blüte hineinzwängen.

EINSTIEG
Auf der Suche nach Nektar muss die Hummel zuerst den Gaumen überwinden, der den Zugang zum Blüteninneren verschließt. Dabei berührt sie die im Oberteil der Blüte befindlichen Staubbeutel und wird mit Pollen bepudert.

MAHLZEIT
Beim Nektartrinken erfolgt die Bestäubung: Der fremde Pollen wird vom Rücken der Hummel auf die Narbe der Blüte übertragen.

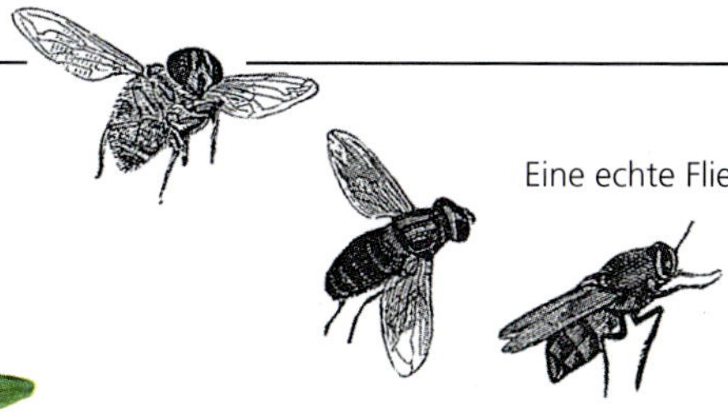

Eine echte Fliege

Blüten der Fliegenorchis

Weibchenattrappen

Einige Orchideen wenden einen raffinierten Trick an, um ihre Bestäubung zu sichern. Ihre Blüten imitieren Aussehen und Geruch weiblicher Fliegen, Wespen oder Bienen. Die Nachahmung ist so überzeugend, dass die jeweiligen Männchen versuchen die Blüte zu begatten. Hierbei heftet ihnen die Blüte Pollenpakete an den Körper, die dann zur nächsten Blüte weitergetragen werden.

POLLENKÖRNER

Die höchstens 0,2 mm großen Pollenkörner weisen außergewöhnlich komplizierte Formen auf. Gelangt ein Pollenkorn auf die Narbe einer Blüte der gleichen Art, so wächst aus ihm ein feiner Schlauch, der Pollenschlauch, den Griffel hinab zur Eizelle (S. 26–27).

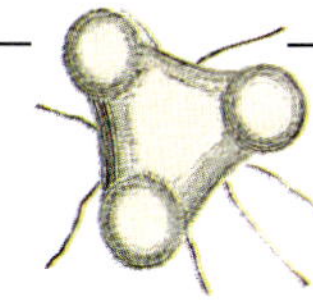

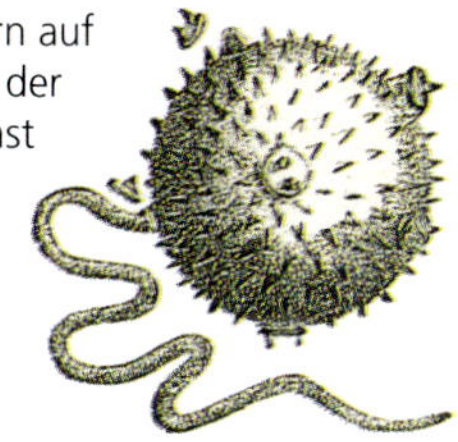

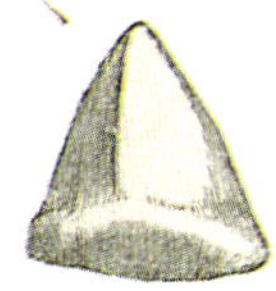

Bei starker Vergrößerung erkennt man die Formenvielfalt der Pollenkörner.

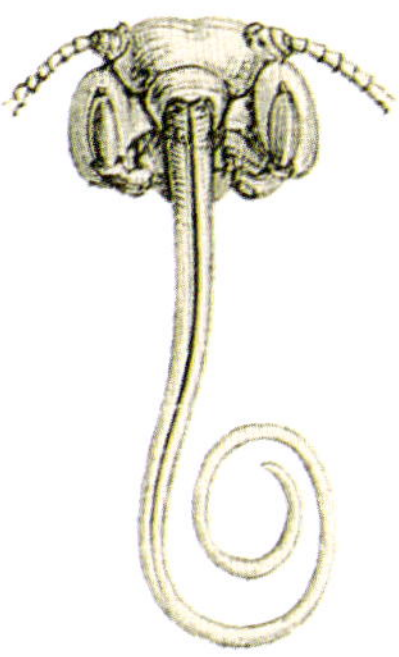

Langer Saugrüssel

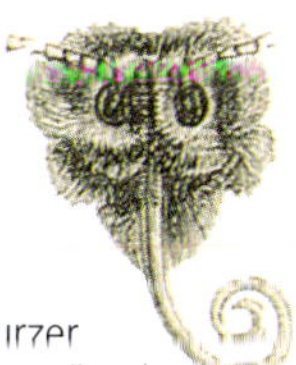

Kurzer Saugrüssel

SCHMETTERLINGSBESTÄUBUNG

Auch Schmetterlinge sind hoch spezialisierte Blütenbesucher. Sie übertragen Pollen, wenn sie von Blüte zu Blüte fliegen, um mit ihrem langen Rüssel Nektar zu saugen. Typische Schmetterlingsblumen sind an diesen Rüssel und an den guten Geruchssinn der Schmetterlinge angepasst: Der Nektar befindet sich oft tief verborgen in langen Röhren und die Blüten verbreiten einen parfümartigen Geruch. Viele dieser Pflanzen blühen erst im Spätsommer, wenn es die meisten Schmetterlinge gibt.

Rüssel zum Nektarsaugen

Pollen aus den Staubbeuteln haften am Schmetterlingskörper.

Majoran

TRINKHALME

Schmetterlinge saugen den Nektar durch ihren Rüssel auf wie durch einen Trinkhalm. Der Rüssel kann von weniger als 1 mm bis zu 30 cm lang sein. Wird er nicht gebraucht, ist der Saugrüssel unter dem Kopf des Schmetterlings eingerollt.

Ungewöhnliche Bestäuber

Bienen und Schmetterlinge sind die bekanntesten Blütenbestäuber (S. 22–23). Doch einige Pflanzen sind an die Bestäubung durch ganz andere Tiere angepasst. Manche Arten locken mit Aasgeruch Fliegen an, andere mit leuchtenden Farben Nektar saugende Vögel. Wegen des schlecht ausgebildeten Geruchssinns der Vögel duften Vogelblumen nicht, sie sind aber recht stabil gebaut. Doch die Bestäuberliste umfasst nicht nur Insekten und Vögel, sondern auch Fledermäuse, Mäuse, Beuteltiere und sogar Nacktschnecken.

BESTÄUBUNG UNTER DER ERDE
Eine seltene australische Orchidee verbringt fast ihr gesamtes Leben unter der Erde. Sie trägt keine Blätter und ihre kelchförmigen Blüten entwickeln sich direkt oberhalb der Erdoberfläche. Termiten, Mücken und andere Insekten besuchen die Blüten und verbreiten die Pollen. Sobald Samen erschienen sind, welkt die Orchidee und zieht sich wieder unter die Erde zurück.

Zwischen den Hochblättern erscheinen die Blüten.

Glänzende Oberfläche

Von Fliegen bestäubte Zuchtform des Frauenschuhs

FLIEGENKÖDER
Bienen werden von süß duftenden Blüten angelockt, viele Fliegen dagegen von Aasgeruch. Daher verströmen fliegenbestäubte Blüten meist einen deutlichen Verwesungsgeruch. Einige Blüten, wie die der links abgebildeten Orchidee, besitzen auch Haare auf den Blütenblättern, damit sie sich wie Fliegen „anfühlen". Glänzende Oberflächen wirken ebenfalls anziehend auf Fliegen.

Diese Blüten sind zunächst violett, färben sich aber beim Aufblühen rot.

Rosa gefärbte Hochblätter locken Vögel an.

Die Blüten treten zwischen den Hochblättern hervor.

Aechmea oder Lanzenrosette

EIN ROTES SIGNAL
Abgesehen von einigen Schmetterlingen können Insekten die Farbe Rot nicht wahrnehmen, ganz im Gegensatz zu Vögeln. Rote oder rosa Blüten bzw. Blütenstände sind daher häufig bei vogelbestäubten Pflanzen zu finden. So lockt auch diese südamerikanische *Aechmea* (links), die als Epiphyt (S. 46) hoch oben in den Bäumen wächst, mit ihrer auffälligen Färbung Blüten besuchende Vögel an.

Hibiskusblüte

VOGELBÜRSTE

Die meisten Hibiskusarten werden von Kolibris bestäubt. Diese schweben vor der Blüte und führen ihre langen Schnäbel zum Nektartrinken tief in den Blütenkelch ein. Dabei wird Blütenstaub auf den Kopf des Kolibris „gebürstet", und die Narbe berührt den Kopf, um dort Pollen einer anderen Blüte aufzunehmen. Die Pflanze links ist aufrecht abgebildet. In der natürlichen Lage ragt die Staubblattsäule jedoch waagerecht aus der Blüte.

BIZARRE SCHÖNHEIT

Die gelbe Calla besitzt weibliche und männliche Blüten auf einem Blütenkolben, der von einem gelben Hochblatt umhüllt wird. Gnitzen, beladen mit Pollen von anderen Pflanzen, kriechen zum Grund des Hochblatts. Dort werden die Insekten von nach unten weisenden Härchen gefangengehalten. Während die Gnitzen umherkrabbeln, bestäuben sie die weiblichen Blüten. Dann welken die Haare, die Tiere kriechen hervor und sammeln dabei den Pollen von den männlichen Blüten ein. Anschließend fliegen sie zur nächsten Pflanze.

Gelbe Calla (*Zantedeschia elliotana*)

BEUTELTIER-BESTÄUBUNG

Der australische Honigbeutler hat einen ungewöhnlichen Speisezettel. Mit seiner langen Schnauze und der bürstenartigen Zunge sammelt er ausschließlich Nektar und Pollen dieser Banksia. Außer ihm sind Nager und Fledermäuse die einzigen Blüten bestäubenden Säuger.

Brasilianische Osterluzei

GEFANGENNAHME

Mit ihrem faulen Fischgeruch lockt diese seltsam geformte Blüte einer südamerikanischen Schlingpflanze Fliegen an, die über Nacht in der Blüte gefangengehalten werden. Beginnt die Blüte zu welken, können die nun pollenbedeckten Gefangenen fliehen.

Von der Blüte zur Frucht

Pflanzen blühen nur aus einem Grund: um Samen zu bilden und sich damit zu verbreiten. Manche Pflanzen produzieren nur einen Samen, andere mehrere Millionen. Aber wie viele es auch werden: Die Schritte zu ihrer Entstehung sind fast immer dieselben. Meist ist die Bestäubung (S. 22–23) der erste Schritt. Dabei gelangen winzige Pollen von Blüte zu Blüte. Landet das Pollenkorn auf der richtigen Blüte, erwacht es zum Leben. Ein mikroskopisch kleiner Schlauch wächst heraus und dringt bis zum weiblichen Teil der Blüte vor. Hier sucht es eine weibliche Zelle, also eine Eizelle. Dann wandert eine männliche Zelle des Pollens den Schlauch hinab und verschmilzt mit der Eizelle. Die befruchtete Eizelle beginnt nun, sich in einen Samen zu verwandeln. Währenddessen fallen die Blütenblätter ab und die Blüte wird zur Frucht. Die Frucht soll dem Samen helfen, sich zu verbreiten.

Manche Pflanzen bilden saftige, weiche Früchte, die hungrige Tiere anlocken. Aber viele Früchte sind trocken und hart und springen auf, wenn sie reif sind. Diese Früchte sind nicht zum Verzehr gedacht – die Samen werden durch andere Mechanismen verbreitet (S. 28–29).

WINTERSPEISE
Früchte sind für viele Tiere eine wichtige Winternahrung. Durch ihren Fallapfelschmaus trägt diese Rotdrossel ihren Teil zur Verbreitung der Apfelsamen bei.

ROSENKNOSPE
Noch bevor die Rose erblüht, kann man die Hagebutte deutlich erkennen. Bei dieser Knospe sieht man die kugelförmige Aufblähung des oberen Blütenstängels: In diesem Blütenbecher (Rezeptakulum) befinden sich die weiblichen Teile der Blüte, die Fruchtknoten mit den Samenanlagen.

BLÜHENDE ROSE
Ist die Rose erblüht, verströmt sie ihren süßen Duft, der Bienen zur Bestäubung anlockt (S. 22–23). Nach der Bestäubung und der Befruchtung der Eizellen beginnt der Blütenbecher anzuschwellen.

DER ANFANG VOM ENDE
Die Befruchtung stellt einen Wendepunkt dar. Von nun an vollzieht sich die langsame Wandlung der Blüte zur Frucht. Die nun nicht mehr benötigten Blütenblätter welken und fallen ab.

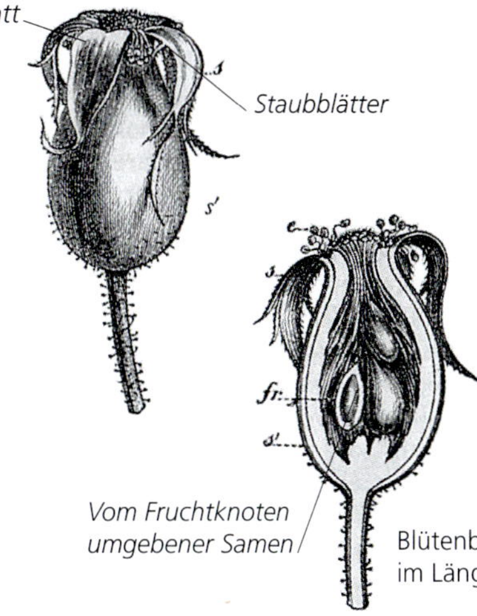

IM BLÜTENBECHER
Im Blütenbecher stehen zahlreiche Fruchtknoten. Jeder enthält eine Eizelle, die zur Befruchtung ein eigenes Pollenkorn benötigt. Nach der Befruchtung entwickeln sich die Samenanlagen zu Samen, die einzelnen Fruchtknoten zu kleinen Nüsschen. Die Hagebutte ist somit eine Sammelnussfrucht.

GEFIEDERTE SPITZBUBEN
Die Samen der Rose sind mit Nährstoffen zur Versorgung der Keimlinge angereichert. Einige Vögel, z. B. die Grünfinken, „betrügen" die Pflanze um diese Nährstoffe, wenn sie die Samen beim Fressen knacken. Sie erhalten eine gute Mahlzeit, zerstören aber die Samen, statt sie zu verbreiten. Die süße Hagebutte verschmähen sie und lassen sie in Fetzen an der Pflanze hängen.

DIE HAGEBUTTE
Während der Verwandlung der befruchteten Samenanlagen in Samen schwillt der Blütenbecher an und färbt sich rot. Er wird zur reifen Hagebutte.

NÜTZLICHE FRÜCHTE
Die Nüsschen (Fruchtknoten) der Hagebutte sind mit kurzen, spröden Haaren bedeckt, die von Kindern bisweilen als Juckpulver verwendet werden. Säuglingen und Kleinkindern kann man zur Vorbeugung gegen Erkältungen Hagebuttensirup geben, da dieser viel Vitamin C enthält.

WERTVOLLE FRACHT
Die leuchtend gefärbten Hagebutten laden Vögel zum Fressen ein. Die Nüsschen haben widerstandsfähige Häute – daher verlassen sie den Verdauungstrakt der Vögel meist völlig unbeschadet.

FAIRES ANGEBOT
Die Rose lockt Vögel und andere Tiere an, um ihnen Nahrung zu bieten. Auf diese Weise werden über den Kot der Tiere ihre Samen verbreitet.

Samenverbreitung

Freier Boden bleibt nie lange unbesiedelt. Innerhalb weniger Tage keimen Pflanzen und bedecken ihn unter günstigen Bedingungen bald völlig. Auch wenn die Erde zur Abtötung aller Samen hitzesterilisiert wurde, kommen irgendwoher neue Samen und keimen aus. Pflanzen haben nämlich sehr wirksame Wege zur Samenverbreitung gefunden. Bei manchen Pflanzen schleudern die aufgeplatzten Hüllen die Samen weit von sich. Bei anderen sind Samen oder Früchte flug- oder schwimmfähig und werden vom Wind oder von Wasserströmungen davongetragen. Auch Tiere tragen ihren Teil zur Samenverbreitung bei. So gibt es viele Früchte mit Haken, die im Fell haften, oder Samen, die sich im Inneren schmackhafter Beeren entwickeln. Obwohl die Beeren gefressen werden, passieren die Samen den Verdauungstrakt der Tiere unbeschadet und werden mit dem Kot verbreitet.

Gemeiner Odermennig

Früchte mit Haken

Jede Frucht hat viele winzige Haken.

Kleine Klette

Samenbehälter der Lotosblume

Same in becherförmiger Vertiefung

Aufsicht auf einen trockenen Samenbehälter

Lotosblumen im alten Ägypten

ANHÄNGLICH

Wenn man durch eine unberührte Wiese geht, findet man sehr schnell heraus, welche Samen von Tieren verbreitet werden. Eine ganze Reihe von Früchten haften an den Kleidern. Diese Früchte („Kletten") besitzen Haken und Dornen, die sich im Fell vorbeistreifender Tiere verfangen. Werden diese „Kletten" abgestreift oder abgekratzt, fallen ihre Samen zur Erde und keimen dort.

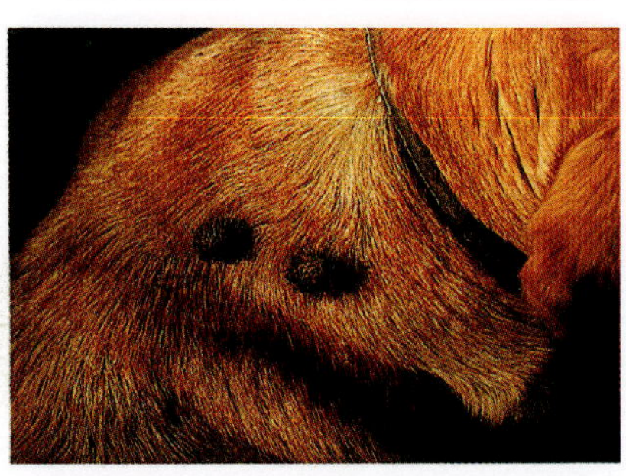

Kletten haben sich im Rückenfell des Hundes verfangen.

SCHWIMMENDE SAMEN

Die Samen der Lotosblume reifen in einem abgeflachten, vom Blütenboden gebildeten Becher heran. Die reifen Samen fallen ins Wasser und treiben davon. Lotossamen sind sehr langlebig. Es sind Fälle bekannt, in denen sie noch nach 200 Jahren ausgekeimt sind.

IN DIE LUFT GESCHOSSEN

Einige Pflanzen besitzen „Samenkatapulte". Die Samen werden in alle Richtungen davongeschleudert, wenn eine während des Wachstums des Samenbehälters aufgebaute Spannung durch das Aufplatzen des Samenbehälters plötzlich nachlässt. Die Hülsen von Hülsenfrüchtlern platzen z. B. auf, wenn die Sonne sie ausgetrocknet hat. Die Kapseln des Drüsigen Springkrauts (S. 18) „explodieren", wenn sie berührt werden. Die Explosion kann durch den Wind oder ein vorbeistreifendes Tier ausgelöst werden.

Drüsiges Springkraut

Geschlossene Kapsel

Berührt man die reife Samenkapsel, schnellen die Seiten zurück, die Samen werden herausgeschleudert.

Geschlossene Frucht des Wiesenstorchschnabels

Die Samen werden ausgeschleudert.

Die Hülsen der Vogelwicke platzen auf, wenn sie trocken sind.

Intakte Hülse

IN ALLE WINDE

Windverbreitete Samen müssen klein und leicht sein, damit sie sich eine Weile in der Luft halten können, wenn ein Windstoß sie davonwirbelt. Schüttelt der Wind die trockenen Früchte des Schlafmohns oder der Akelei, so werden die Samen nur im näheren Umkreis der Mutterpflanze verstreut. Fährt der Wind jedoch in den Fruchtstand einer Distel, können die Früchte mit den Samen hoch in die Luft getragen und weit verbreitet werden.

Winzige, leichte Samen

Akelei

Samen werden ausgestreut

Schlafmohn

Die Früchte besitzen „Fallschirme", mit deren Hilfe sie durch die Luft gleiten.

Ackerdistel

LICHTSCHEUE SAMEN

Das Zymbelkraut wächst an Mauern und Felswänden. Wenn die Samen reifen, wenden sich die Stängel mit den Früchten vom Licht ab und schieben sich in Spalten und Höhlungen im Stein. Dies sichert den Samen einen geeigneten Platz zum Keimen.

Vom Winde verweht

Die winzigen Löwenzahnfrüchte werden vom Wind davongetragen.

Einer alten Regel zufolge kann man die Tageszeit daran erkennen, wie oft man pusten muss, um alle Samen einer Pusteblume wegzublasen. Ob dies nun stimmt oder nicht, eines ist sicher: Das Pusten dient der Verbreitung der Pflanze. Die Samen des Löwenzahns sind in winzigen Früchten eingeschlossen, die ihren eigenen „Fallschirm" besitzen, mit dessen Hilfe sie durch die Luft schweben. Starke Winde können die Samen hoch hinaus und in weite Fernen tragen. Die Löwenzahnblume ist wie die der Sonnenblume (S. 21) ein aus vielen winzigen Einzelblüten bestehender Blütenkopf. Jede einzelne Blüte bringt eine Frucht hervor. Wie beim Löwenzahn werden die Samen auch bei vielen anderen Korbblütlern, etwa bei Habichts- und Kreuzkräutern und bei Disteln, vom Wind verbreitet. Die Früchte einiger dieser Pflanzen besitzen Fallschirme, andere wiederum feine, nach allen Seiten abstehende Haare, die eine flauschige Kugel bilden. Viele dieser Pflanzen sind lästige Unkräuter, da sie rasch freie Flächen in Gärten und auf Äckern besiedeln.

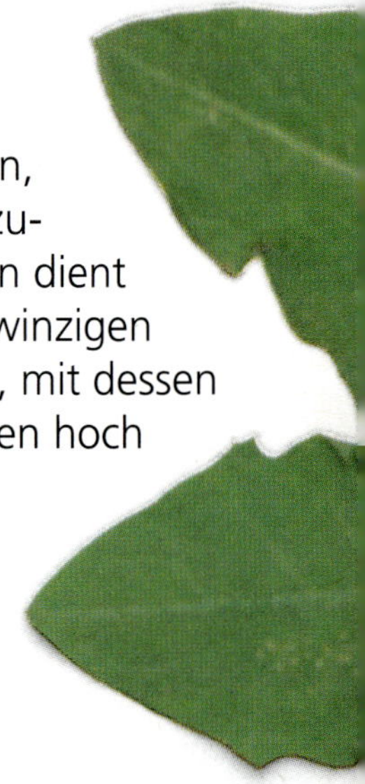

Der geöffnete Blütenkopf „wartet" auf vorbeifliegende Insekten als Bestäuber.

1 ÖFFNUNGSZEITEN
Die Löwenzahnblume öffnet sich am Morgen und schließt sich wieder am Nachmittag oder bei Regen. Der Name der Pflanze rührt von den scharf gezackten Blättern her.

Vor dem Beginn der Samenentwicklung schließt sich die Blume.

2 BEGINN DER SAMENBILDUNG
Nachdem sich der Blütenkopf (die Blume) einige Tage lang geöffnet und geschlossen hat und während dieser Zeit bestäubt wurde, schließt er sich, die Samenentwicklung beginnt. Allmählich verwelken die gelben Zungenblüten. Der Pappus, der kleine Haarkranz am oberen Ende einer jeden Frucht, wird größer. Der Fallschirm entwickelt sich.

Hochblätter schützen den sich entwickelnden Fruchtstand.

3 ERÖFFNUNG
Eine „Pusteblume" öffnet sich nur bei trockenem Wetter. Zunächst sind die Pappushaare noch zusammengedrückt. Doch wenn sich die Hochblätter am Rand des Fruchtstands zurückbiegen, entfalten sich die Fallschirmchen.

4 FERTIG ZUM ABFLUG
Wenn es windstill ist, können die Früchte einige Tage am Fruchtstand verbleiben. Dies ist eine gefährliche Zeit, weil Samen fressende Vögel, z. B. Distelfinken, sie dann abpicken können.

5 AUF UND DAVON
Schon beim leisesten Windhauch heben die Fallschirmchen ab. Sie können ganz in der Nähe niedergehen, doch bei entsprechend großem Auftrieb können sie weite Strecken fliegen. Ist eine Frucht gelandet, braucht sie den Fallschirm nicht mehr, er bricht ab. Über Winter dringt der Same dann in die Erde ein und wartet dort auf das nächste Frühjahr. Dann keimt er aus.

Vermehrung ohne Samen

Pflanzen können sich auf zwei Arten fortpflanzen: durch Samen und indem einzelne Pflanzenteile sich zu neuen Pflanzen entwickeln. Das nennt man vegetative Vermehrung. Die neue Pflanze trägt dann genau dasselbe Genmaterial wie die Mutterpflanze. Anders bei der geschlechtlichen Vermehrung durch Samen: Die Keimlinge unterscheiden sich immer etwas von den Eltern. Besonders Gärtner und Bauern nutzen die vegetative Vermehrung, denn so wissen sie, dass die Nachkommen einer Pflanze mit besonders schönen Blüten oder leckeren Früchten genau dieselben Eigenschaften hat. Viele Pflanzen verbreiten sich durch Ausläufer. In den USA gibt es Kreosotbüsche, die auf diese Weise 12 000 Jahre alt geworden sind. Damit sind sie doppelt so alt wie der älteste Baum. Auf Tasmanien vor Australien gibt es ein Silberbaumgewächs, das 40 000 Jahre alt ist und immer noch wächst.

HUCKEPACKPFLANZE
Die Tolmeia vermehrt sich auf ungewöhnliche Weise. Ihre Tochterpflanzen entstehen an der Basis älterer Blätter. Das sieht so aus, als würden sie huckepack getragen.

KRIECHSTÄNGEL
Einige Pflanzen, z. B. der Kriechende Hahnenfuß, vermehren sich über am Boden kriechende beblätterte Stängel. Hat ein solcher Ausläufer eine bestimmte Länge erreicht, entwickelt sich aus der Achselknospe (S. 9) ein neues Pflänzchen, das nach dem Absterben des Ausläufers zu einer selbstständigen Pflanze heranwächst.

BRÜTENDE BLATTSPITZEN
Viele Kalanchoe-Arten bilden entlang ihrer Blattränder winzige neue Pflänzchen. Andere, wie das abgebildete Brutblatt, treiben ihren Nachwuchs nur an den Spitzen der Triebe. Die fertigen Pflänzchen fallen ab und schlagen im Boden unter der Mutterpflanze Wurzeln.

AUSLÄUFER
Nach dem Fruchten bilden Erdbeerpflanzen lange, über die Erde kriechende Ausläufer (Stolone). Wenn die an ihnen entstehenden Erdbeerpflanzen Wurzeln getrieben haben, kann man sie, nach dem Durchtrennen der Ausläufer, in ein neues Beet umpflanzen.

DAS ENDE EINER LEGENDE
Der berühmte Steppenroller der nordamerikanischen Prärien (*Amaranthus graecizans*) wird nach der Blüte von starken Winden entwurzelt und weit über das Land geweht. Da die Pflanze tot ist, kann sie aber nicht, wie oft behauptet, wieder dort Wurzeln schlagen, wo sie liegen bleibt. Sie verbreitet vielmehr im Dahinrollen ihre Samen.

RHIZOME

Rhizome sind ausdauernde, unterirdische, verdickte Sprosse, die der Pflanze u. a. als Nährstoffspeicher dienen. Während des Wachstums teilt sich das Rhizom bisweilen und treibt Wurzeln und Sprosse. Stirbt der älteste Teil des Rhizoms ab, bilden die neuen Triebe voneinander unabhängige Pflanzen.

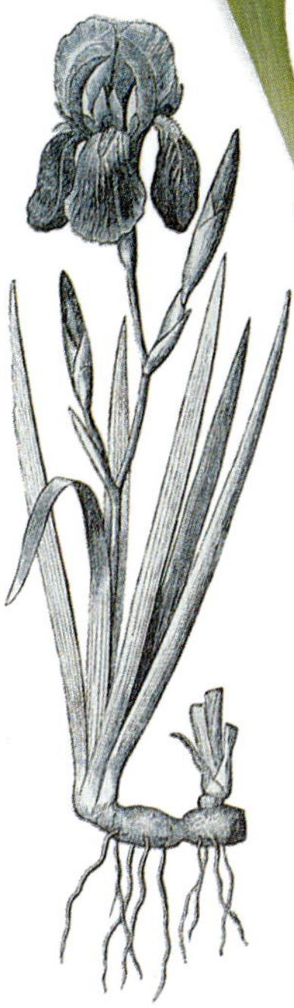

Schwertlilie (Iris)

KNOLLEN

Knollen sind verdickte unterirdische Sprosse. Als Überdauerungsorgane speichern sie Nahrung für die von ihnen im nächsten Jahr ausgebildeten oberirdischen Triebe. Beim Ernten solcher Knollen, z. B. Kartoffeln, muss man sie vollständig aus dem Boden entfernen, da sich aus einem kleinen Kartoffelstückchen im nächsten Jahr eine neue Pflanze entwickelt.

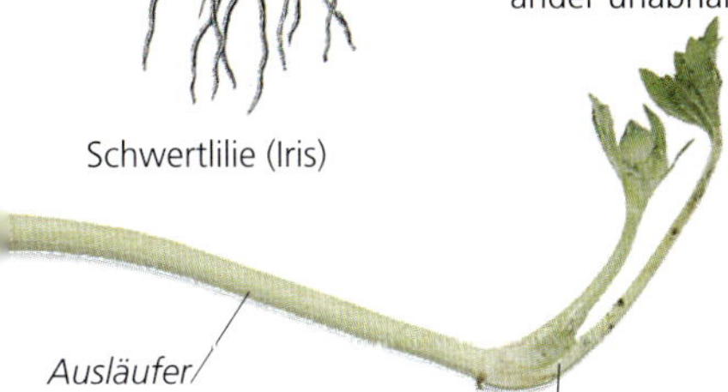

ZWIEBELN

Eine Zwiebel ist ein unterirdischer gestauchter Spross, dessen Knospe von verdickten Blättern (Niederblättern) oder Blattbasen umgeben ist. Einige Zwiebeln, wie die Tulpenzwiebeln, bilden jedes Jahr Tochterzwiebeln, aus denen man neue Pflanzen ziehen kann.

BLÄTTER SCHLAGEN WURZELN

Pflanzen an trockenen Standorten haben oft fleischige Blätter, die viel Wasser speichern. Werden diese Blätter abgebrochen, trocknen sie nicht so schnell aus wie normale Blätter und überleben länger. Wenn sie auf der Erde liegen, können sie Wurzeln schlagen und zu neuen Pflanzen heranwachsen.

ZWIEBELN ÜBER UND UNTER DER ERDE

Beim Wunder-Lauch werden an der Sprossspitze nicht nur Blüten, sondern auch Brutzwiebeln ausgebildet.

Wasserpflanzen besitzen oft fein zerteilte Blätter, die der Strömung wenig Widerstand bieten.

Blätter

Blätter sind so vielfältig, dass die Botaniker zur Beschreibung ihrer Formen und der Art und Weise, wie sie an der Pflanze sitzen, eine eigene Sprache entwickelt haben. Diese Blattvielfalt beruht auf der Anpassung an verschiedene Lebensräume. Pflanzen vom dämmrigen Boden eines Regenwaldes besitzen großflächige Blätter, um möglichst viel Licht absorbieren zu können (S. 14–15). Eine Pflanze, die an einer Klippe wächst, leidet nicht unter Lichtmangel. Ihre kleinen, festen Blätter sind an Wind und Trockenheit angepasst. Einige Pflanzen besitzen sogar verschiedene Blattformen (Heterophyllie). Am deutlichsten ist dies bei Arten zu sehen, die unter Wasser leben, aber über Wasser blühen. Der Wasserhahnenfuß besitzt unter Wasser fein zerschlitzte Blätter, die der Wasserströmung keinen Widerstand entgegensetzen. Seine auf dem Wasser treibenden Blätter sind dagegen großflächig.

FARBVERÄNDERUNGEN
Die grünen Blätter des Ruprechtskrauts verfärben sich im Herbst oder bei großer Trockenheit karminrot.

JUNG UND ALT
Dieser Eukalyptuszweig weist zwei unterschiedliche Blattformen auf. Die Jugendblätter sind klein und rundlich und besitzen im Gegensatz zu den wesentlich größeren lineal-lanzettlichen Alters- oder Folgeblättern keinen Stiel.

PARALLELNERVIG
Die Blätter einkeimblättriger Pflanzen, z. B. von Gräsern, Orchideen oder Lilien, besitzen parallele Blattadern (S. 9) wie diese bandförmigen Blätter eines Liliengewächses.

HAARIG
Manche Blätter besitzen einen Haarflaum zur Verminderung der Verdunstung. Diese Blätter stammen von einer Garten-Wucherblume.

Spargel

DEM WIND AUSGESETZT
Wilder Spargel wächst an windigen Küsten und besitzt federartig zerteilte blattartige Sprosse, Phyllokladien genannt. Sie halten Stürmen stand, während große fleischige Blätter zerfetzt würden.

Teil eines Gunnerablattes von unten

UFERRIESEN
Riesenrhabarber (*Gunnera*) wächst an den Flussufern tropischer Wälder, gelegentlich auch in den wärmeren Gebieten gemäßigter Zonen. Seine Blattspreiten erreichen Durchmesser von bis zu 2 m.

FIEDERBLÄTTER
Fiederblätter sind aus mehreren kleinen Blättchen (Fiedern) zusammengesetzt.

SCHLITZBLÄTTER
Dieses in den Tropenwäldern Mexikos und Guatemalas heimische Fensterblatt ist eine Kletterpflanze. Ihr Name rührt von den im Alter fiederspaltigen und oft fensterartig durchbrochenen Blättern her.

Wenn das Blatt größer wird, erscheinen tiefe Einschnitte.

EINFACH
Ungeteilte Blätter werden als einfache Blätter bezeichnet.

SCHILDFÖRMIG
Schildförmige Blätter sind rund und besitzen einen in der Blattmitte ansitzenden Stängel.

Rhododendronblätter

IMMERGRÜNE BLÄTTER *links*
Die Blätter immergrüner Pflanzen müssen derb sein, um Wind, Sonne und Regen einige Jahre standzuhalten. Rhododendronblätter besitzen oberseits eine Wachsschicht, die sie vor Austrocknung bewahrt. Der filzige Flaum auf der Blattunterseite einiger Arten hält Feuchtigkeit zurück und wehrt Schadinsekten ab.

Lungenkraut

Nesselschön (*Acalypha macrostachya*)

MEHRFARBIGE BLÄTTER
Mehrfarbig gefleckte Blätter findet man häufig bei Zierpflanzen. Die gefleckten Blätter des Lungenkrauts sollen an eine menschliche Lunge erinnern, daher galt diese Pflanze früher auch als Heilmittel gegen Lungenleiden.

Selbstverteidigung

Pflanzen können nicht wie Tiere vor ihren Feinden fliehen und besitzen daher besondere Schutzmechanismen zu ihrer Verteidigung. Die Hauptfeinde der Pflanzen sind pflanzenfressende Tiere. Dabei kann es sich um winzige blattsaugende Insekten, aber auch um größere Säugetiere handeln, die gleich die ganze Pflanze verspeisen. Um die kleinsten Feinde in Schach zu halten, besitzen viele Pflanzen feine Haare auf der Blattoberfläche. Größere Tiere werden durch Dornen oder Stacheln abgeschreckt. Besonders interessant ist die chemische Abwehr bei Pflanzen. Die in den Zellen gebildeten Stoffe besitzen erstaunliche Eigenschaften: Sie verleihen der Pflanze einen üblen Geschmack, sind giftig oder wirken wie Hormone, die Tiere unfruchtbar machen oder ihre Entwicklung stören.

AMEISEN ALS WACHPOSTEN
Bei einigen Akazien fressen Ameisen das süße Mark der an den Zweigen stehenden Dornen, der hohle Dorn dient als Unterschlupf. Zusätzliche Nahrung bieten die Nektarien an den Blattbasen. Als Gegenleistung für Kost und Logis greifen die Ameisen jedes Tier wütend an, das versucht die Blätter abzufressen. Eine Akazienart besitzt an den Spitzen der Blattfiederchen kleine Futterkörper aus Fett und Eiweiß. Sie sollen dafür sorgen, dass die Ameisen das ganze Blatt verteidigen.

Bei diesem stark vergrößerten Nesselhaar ist die scharfe Spitze deutlich zu erkennen.

CHEMIEWAFFEN
Die Wand der Brennnesselbrennhaare ist durch Silikateinlagerung hart und spröde. Streift ein Tier das Haar, bricht die Spitze ab, das übrige Haar dringt wie eine Kanüle in die Haut ein. Sein Inhalt, ein hautreizendes Chemikaliengemisch, ruft eine schmerzhafte Hautreaktion hervor. Das Tier wird künftig einen großen Bogen um Brennnesseln machen.

INS MESSER LAUFEN
Schraubenpalmen sind tropische Pflanzen mit derben, schwertförmigen Blättern, die nicht nur an den Rändern, sondern auch an den Mittelrippen mit nach außen weisenden Stacheln besetzt sind. Tiere, die der Pflanze zu nahe kommen, laufen daher Gefahr aufgespießt zu werden.

BLATTSCHUTZ
Die Blätter von Pflanzen trockener, heißer Gebiete stellen eine willkommene Nahrungs- und Wasserquelle für Tiere dar. Stacheln, wie sie Kakteen (S. 52–53) besitzen, sind für solche Arten typisch. Die Dornen der *Alluaudia* aus Madagaskar (links) sind länger als ihre Blätter: ein Fraßschutz gegen größere Tiere.

Paarweise angeordnete Stacheln halten Tiere auf Distanz.

GEFANGEN
Dornen oder Stacheln an biegsamen Zweigen verhaken sich in der Haut oder im Fell vorbeistreifender Tiere und erteilen diesen eine schmerzhafte Lektion. Versuchen die Tiere sich loszureißen, dringen insbesondere die gekrümmten Stacheln tief in die Haut ein. Manche Pflanzen besitzen in verschiedene Richtungen weisende Dornen oder Stacheln. Verfängt sich ein Tier in ihnen, wird es festgehalten, egal in welche Richtung es zieht.

Blühende Distel

Geschlossener, von stacheligen Hochblättern geschützter Blütenstand

Wollköpfige Kratzdistel

BEWAFFNETE BLUMEN
Disteln sind außerordentlich erfolgreich, zum einen aufgrund ihrer effektiven Samenverbreitung (S. 29), zum anderen aber auch wegen ihrer wirksamen Verteidigungswaffen. Die meisten Disteln haben sowohl an den Stängeln als auch an den Blättern Stacheln. Zudem besitzen sie stachelige Hochblätter, die ihre Blütenköpfe während der Entwicklung schützen. Die auf große Tiere abschreckend wirkenden Stacheln bieten allerdings keinen Schutz gegen kleine saftsaugende Insekten wie Blattläuse.

TOD DURCH ERTRINKEN
Die paarigen Stängelblätter der Karde fügen sich an ihrer Basis zu einem Becher zusammen, der sich bei Regen mit Wasser füllt. Dieser „Wassergraben" dient dem Schutz der Pflanze. Insekten oder Schnecken, die die Pflanze erklimmen und die jungen Blätter fressen wollen, kehren angesichts des Wassers wieder um oder fallen hinein und ertrinken.

Stachelige Hochblätter schützen den jungen Blütenstand.

Junger, stacheliger Blütenkopf

Karde

Ertrunkene Insekten in einem von Kardenblättern gebildeten „Wassergraben"

Kardenblätter von oben

Stacheln schützen den Stängel.

Blätter der Stechpalme

BESONDERE BEWAFFNUNG
Die Blätter der Stechpalme sind nicht nur sehr ledrig, sie besitzen auch noch lange Stacheln an den Rändern. Daher leiden sie, im Gegensatz zu den Blättern laubabwerfender Bäume, nur wenig unter Tierfraß. Während die unteren Blätter der Stechpalme meist besonders stachelig sind, können die Blätter im oberen Bereich auch glatte Blattränder haben, da sie weniger fraßgefährdet sind. Die Blätter der abgebildeten Zuchtform sind besonders stachelig.

Kletterpflanzen

Überall wo es feucht und warm ist, kämpfen Pflanzen um Licht. Die größte Pflanze bekommt meistens den größten Anteil. Sie muss aber auch die meiste Energie aufwenden, um einen kräftigen Stängel oder Stamm auszubilden, der ihre Blätter trägt. Es gibt jedoch einige Pflanzen – Epiphyten (S. 46–47) und Kletterpflanzen –, die mit weniger Aufwand nach oben gelangen. Sie nutzen andere Pflanzen oder gar Gebäude, um sich mit deren Hilfe einen Platz an der Sonne zu erobern. Epiphyten wachsen auf den Stämmen oder oberen Ästen von hohen Bäumen. Sie besitzen keine Wurzeln im Erdreich und können ihren Wasserbedarf durch Regenwasser und Luftfeuchtigkeit decken. Kletterpflanzen wurzeln im Erdreich und brauchen beim Wachstum eine Stütze. Einige winden sich um andere Pflanzen herum, während andere berührungsempfindliche Ranken ausbilden, mit denen sie sich festhalten. Eine dritte Gruppe von Kletterpflanzen, die sogenannten Spreizklimmer, wachsen mithilfe steifer Seitenäste, Stacheln, Wurzeln oder Haare nach oben.

SPIRALIGES WACHSTUM
Windende Pflanzen wachsen immer in einer bestimmten Drehrichtung, Feuerbohnenpflanzen z. B. immer im Uhrzeigersinn. Dies ist auch dem Künstler aufgefallen, der im 16. Jh. diesen Holzschnitt angefertigt hat.

1 KONTAKTAUFNAHME
Während ihres Streckungswachstums kommt die Ranke dieser Kürbispflanze mit einem Pflanzenstängel in Berührung. Die Rankenspitze reagiert auf diesen Berührungsreiz sehr empfindlich und windet sich innerhalb weniger Stunden um die Stütze.

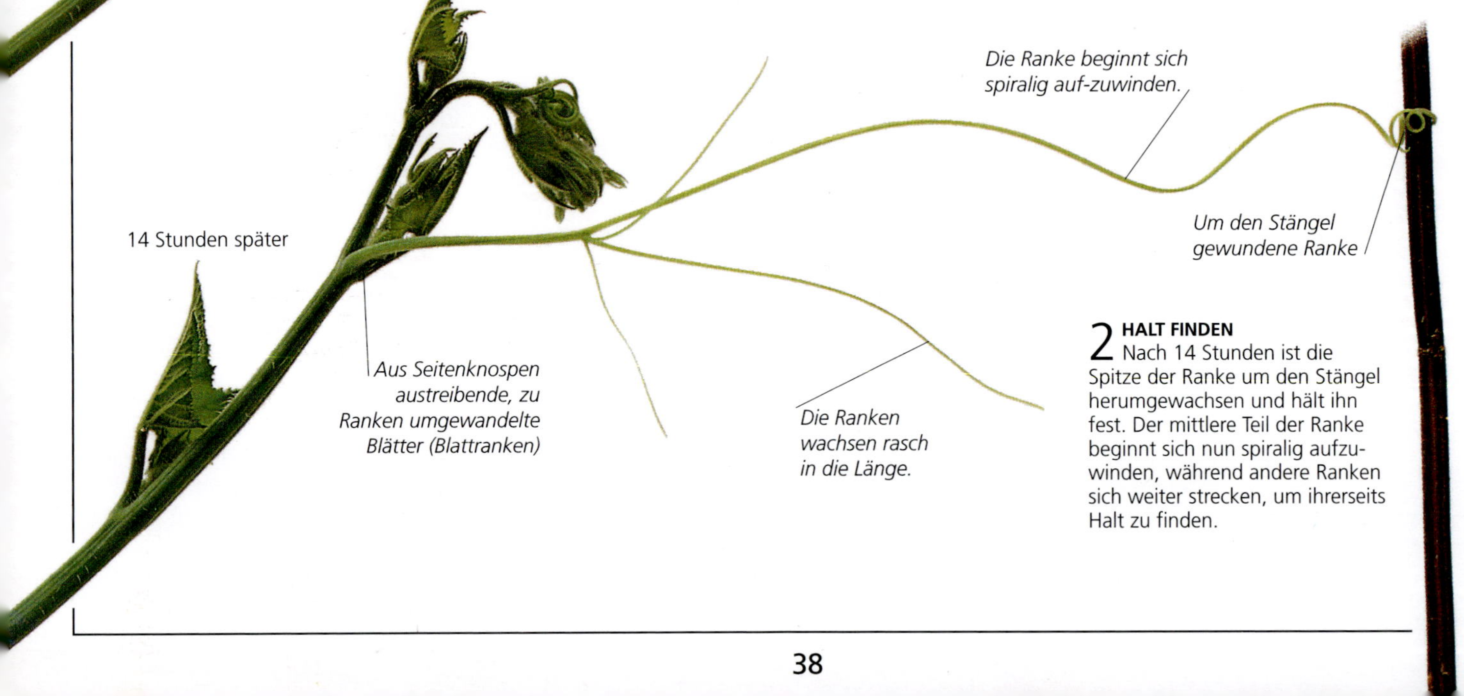

2 HALT FINDEN
Nach 14 Stunden ist die Spitze der Ranke um den Stängel herumgewachsen und hält ihn fest. Der mittlere Teil der Ranke beginnt sich nun spiralig aufzuwinden, während andere Ranken sich weiter strecken, um ihrerseits Halt zu finden.

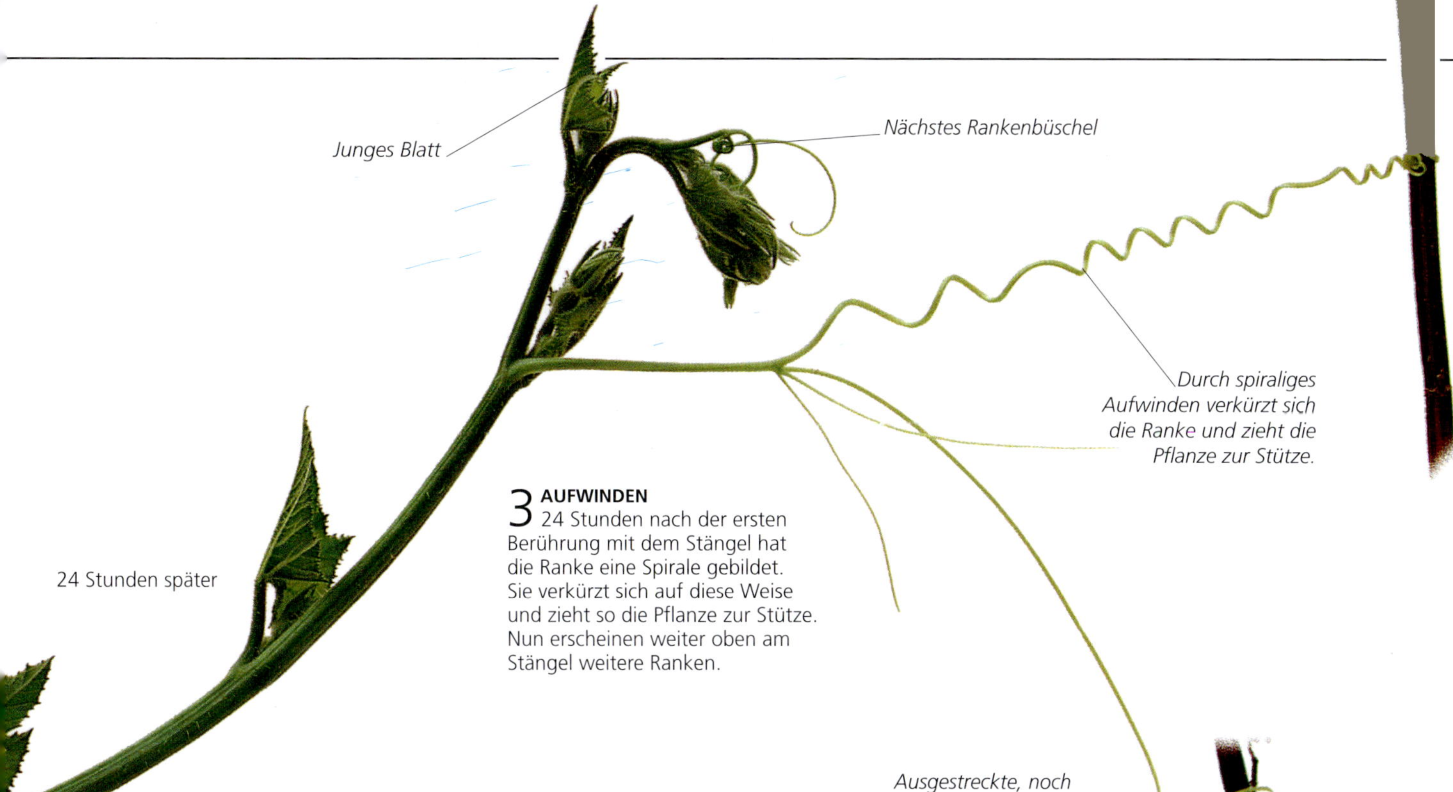

3 AUFWINDEN
24 Stunden nach der ersten Berührung mit dem Stängel hat die Ranke eine Spirale gebildet. Sie verkürzt sich auf diese Weise und zieht so die Pflanze zur Stütze. Nun erscheinen weiter oben am Stängel weitere Ranken.

Auf einem Baum emporwachsender Wilder Wein

HAFTSCHEIBEN
Der Wilde Wein besitzt Ranken mit kleinen Haftscheiben. Diese heften sich an Wände oder an andere Pflanzen. Die Ranken knäueln sich dann auf, um dem kletternden Trieb Halt zu geben.

4 FESTER HALT
48 Stunden nach der ersten Berührung mit dem Stängel hat sich die Ranke wie eine Feder aufgerollt. Die Pflanze ist nun fest verankert. Zerrt der Wind an ihr, so kann sich die Ranke elastisch dehnen, ohne zu reißen.

KLETTERN MIT WURZELN
Efeu kann an Bäumen und senkrechten Wänden emporwachsen. Dabei hält er sich mit kleinen Adventivwurzeln fest, die in die kleinsten Risse und Spalten einzudringen vermögen. Efeu ist kein Parasit (S. 44–45). Er benutzt andere Pflanzen lediglich, um an ihnen emporzuklettern. Dabei kann die Fülle seiner Blätter allerdings manchmal einen Stützbaum ersticken.

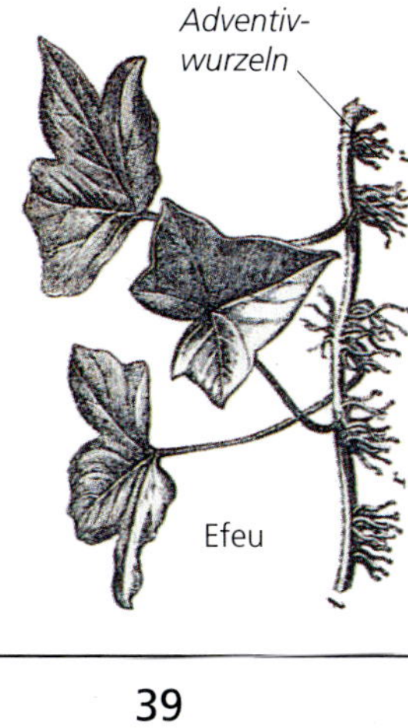

Efeu

Von Efeu überwachsene Statue

Fleischfressende Pflanzen

Menschenfressende Pflanzen gehören ins Reich der Fantasie, doch immerhin gibt es eine Reihe von Pflanzen, die Insekten oder andere kleine Tiere „verzehren". Diese fleischfressenden Pflanzen haben entweder Fallen, deren bewegliche Teile die Beute aktiv fangen, wie die Venusfliegenfallen (S. 42–43), oder sie besitzen passive Fallen, klebrige Blattoberflächen oder mit Flüssigkeit gefüllte Fangbehälter, um ihre Beute zur Strecke zu bringen. Die Opfer sind überwiegend Insekten, die, sind sie einmal gefangen, von den pflanzeneigenen Verdauungssäften zersetzt werden. Nach einigen Tagen ist nur noch das harte Außenskelett aus Chitin übrig. Der nahrhafte Rest ist von der Pflanze aufgenommen worden. Fleischfressende Pflanzen können ihre Nahrung wie andere grüne Pflanzen durch Fotosynthese selbst erzeugen (S. 14). Die gefangenen Insekten sind jedoch eine willkommene Ergänzung des Speisezettels. Manche Pflanzen sind auf diese Zusatznahrung angewiesen, weil sie auf staunassen Böden leben, die nicht genügend Stickstoffverbindungen und andere Nährsalze enthalten.

SPEZIALISIERTE BLÄTTER
Alle hier abgebildeten Tierfallen stellen hoch spezialisierte Blätter dar. Die klebrigen Blätter des Portugiesischen Sonnentaus benutzte man früher im Haus als Fliegenfänger.

TÖDLICHE VERLOCKUNG
Der farbenprächtige Krug einer Kannenpflanze lauert auf vorbeifliegende Insekten.

UNTERWASSERFALLEN
Der Gemeine Wasserschlauch hat winzige, an seinen fein zerteilten Blättern stehende Fang blasen, in denen Unterdruck herrscht. Berührt ein kleines Wassertier die Borsten der Fangschlauchklappe, springt diese auf, das Tier wird in die Falle gesogen.

An Drüsenhaaren des Sonnentaus haftende Fliege (vergrößert)

KLEBRIGER SONNENTAU
Die Blätter des Sonnentaus besitzen Drüsenhaare, die ein klebriges, nach Honig duftendes Sekret absondern. Landet ein Insekt auf einem Blatt, bleibt es an den Drüsenhaaren hängen und wird von ihnen umschlossen.

AUF DER LAUER
Fettkräuter haben flache Blätter mit einer klebrigen Oberfläche. Landet ein Insekt auf einem dieser harmlos erscheinenden Blätter, klebt es fest und stirbt schließlich. Die Ränder des Blatts rollen sich langsam nach innen und verdauen die Beute. Die meisten der etwa 50 Fettkrautarten findet man an sumpfigen Standorten.

Hängender Krug einer Kannenpflanze

Kannenpflanzen auf einem Stich aus dem 18. Jh.

Blatt einer Kannenpflanze

TOD IN DEN SÜMPFEN

Die in Amerika auf feuchten bis nassen Böden vorkommenden Schlauchpflanzen fangen Insekten auf die gleiche Art wie die Kannenpflanzen. Ihre Fallen, die Schlauchblätter, wachsen jedoch aufrecht aus dem Boden empor. An ihrer Innenseite sind sie mit Wachsschuppen bedeckt, auf denen gefangene Insekten in die Tiefe rutschen, in den von der Pflanze abgesonderten Verdauungssaft.

Sarracenia *besitzt trompetenförmige Schlauchblätter mit gekräuseltem Rand.*

Sarracenia psittacina xoreophilia

KOBRALILIE

Darlingtonia californica ähnelt einer sich aufrichtenden, züngelnden Schlange, daher auch der Name Kobralilie. Sie verleitet Insekten durch Nektar dazu, durch den „Schlund" in das Innere des Schlauchblatts einzudringen. Dort werden die Insekten bei ihren Fluchtversuchen so lange durch von oben herabschimmerndes Licht in die Irre geleitet, bis sie erschöpft abstürzen und ertrinken.

„Fenster"

Zugang zur Falle

Kobralilie

Am Rand wird Nektar abgesondert.

Diese Insekten werden langsam von der Flüssigkeit am Kannenboden verdaut.

„Deckelkrug" einer Kannenpflanze im Längsschnitt

KANNENPFLANZEN

Die v. a. in den tropischen Regenwäldern der Alten Welt heimischen Kannenpflanzen *(Nepenthes)* haben ihre Blattspreiten zu raffinierten, an Deckelkrüge erinnernde Fallen umgewandelt. Durch leuchtende Farben, auffällige Muster und am Rande des Krugs abgesonderten Nektar werden Insekten angelockt. Lassen sich diese jedoch auf dem äußerst glatten Rand der Kanne nieder, rutschen sie ab und stürzen in die mit Flüssigkeit gefüllte Gleitfalle, wo sie ertrinken und anschließend von der Pflanze verdaut werden. Die größten Kannen sind bis zu 35 cm tief und fassen etwa eine Tasse Flüssigkeit.

GRAUSAME FOLTER
Dieser alte Stich zeigt, dass früher nicht nur Insekten in einer Venusfliegenfalle zu einem langsamen, qualvollen Tod verdammt waren.

Lebende Falle

Auf ein ahnungsloses Insekt mögen die ungewöhnlichen Blätter der Venusfliegenfalle harmlos oder gar anziehend wirken. Lässt es sich aber darauf nieder, wird es zum Opfer einer der raffiniertesten Fangvorrichtungen des Pflanzenreichs. Die zu Klappfallen umgewandelten Blätter der Venusfliegenfalle können nämlich mit ihren zwei nierenförmigen, durch ein Gelenk verbundenen Hälften blitzschnell zuschnappen. Ausgelöst wird diese Bewegung, wenn mehrere der als Auslöser dienenden Borsten (Tasthaare) auf der Blattoberfläche in rascher Folge berührt werden. Ein Entkommen des Opfers wird durch die langen, borstenartigen Fortsätze am Blattrand verhindert. Bevor die Falle sich in einer zweiten, langsameren Phase weiter schließt, „kostet" sie erst einmal, was sie gefangen hat. Melden die auf der Blattoberfläche befindlichen Sinnesdrüsen, dass die Beute Eiweiß enthält, schließt sie sich vollständig und beginnt mit der Verdauung. Die Blätter der Venusfliegenfalle sind grün und können daher wie andere Blätter Fotosynthese betreiben (S. 14–15).

Offene Klappfalle

1 FANGMECHANISMUS AUSGELÖST
Eine Schlankjungfer landet auf einem Blatt der Venusfliegenfalle. Die von ihr berührten Tasthaare „schlagen Alarm" und veranlassen, dass die sogenannten Motorzellen des Gelenks durch Flüssigkeitsaustritt zusammenfallen. Dies wiederum bewirkt das Schließen der Falle. Das Insekt bemerkt die tödliche Gefahr offenbar noch nicht oder es reagiert zu langsam.

Nach 0,2 Sekunden

2 KLAPPE ZU
Bereits nach 0,2 Sekunden schließen sich die Blatthälften über ihrem Opfer. Die leicht nach außen stehenden Borsten am Rand verhindern nun, dass das Insekt aus der Falle herausfällt. Zur Flucht ist es nun zu spät.

Redoute malte von Kaiserin Josephine in Malmaison gezüchtete Pflanzen (S. 61), so auch diese Venusfliegenfalle (frühes 19. Jh.).

FLIEGENFALLENZUCHT
Das erste lebende Exemplar einer Venusfliegenfalle kam Mitte des 18. Jh. von Nordamerika nach England. Niemals zuvor hatte man eine so aufsehenerregende Pflanze in Europa gesehen. Die Botaniker brachten ihr daher auch größtes Interesse entgegen. Heutzutage können Venusfliegenfallen als Topfpflanzen gezogen werden. Da sie aus Mooren mit nassem, leicht saurem Boden stammen, dürfen sie allerdings nie austrocknen und sollten in Torf gepflanzt werden. Man darf sie nur mit destilliertem Wasser gießen, da Leitungswasser gelöste Mineralien enthält, die der Pflanze schaden können. Venusfliegenfallen bringen weiße Blütenstände hervor. Bei Topfpflanzen ist dies selten der Fall, besonders wenn man sie häufig mit Fliegen füttert.

NASSER STANDORT
Die Venusfliegenfalle stammt aus den Mooren North Carolinas im Osten der USA. Aus ihrem kleinen Rhizom treibt sie mehrere in einer Rosette angeordnete Blätter, von denen jedes etwa drei Insekten fangen kann, bevor es verwelkt.

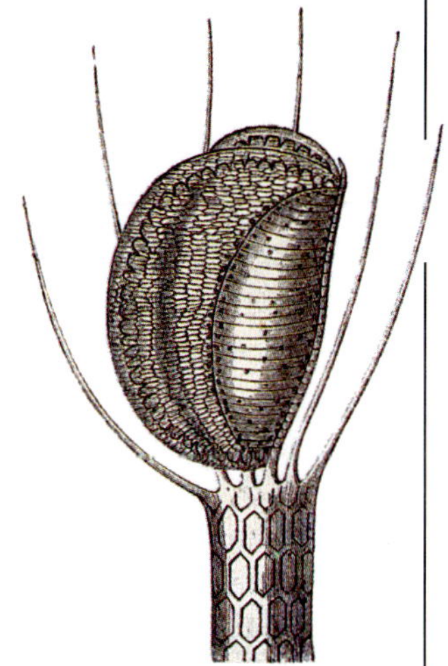

SCHWIMMENDE FALLE
Die kleine Wasserfalle gehört zur gleichen Familie wie die Venusfliegenfalle. Auch sie besitzt als Klappfallen ausgebildete Blätter. Sie können sich in Bruchteilen einer Sekunde um kleine Wassertiere schließen.

3 HALB GESCHLOSSEN
Nach 0,4 Sekunden berühren sich die randständigen Borsten beider Blatthälften fast schon. Sie stehen auf Lücke, damit sie sich nicht behindern, wenn die Falle sich völlig schließt. Im Inneren der Falle biegen sich jetzt die Tasthaare zurück, damit sie nicht beschädigt werden. Sie werden noch gebraucht, wenn sich die Falle von Neuem öffnet.

Nach 0,4 Sekunden

4 ALLE AUSGÄNGE GESCHLOSSEN
Während sich die Falle schließt, können sehr kleine Insekten noch zwischen den Randborsten hindurch entfliehen. Dies ist zweckmäßig, da eine Falle nur zwei bis drei Opfer verdauen kann, bevor sie verwelkt. Für kleine Tiere würde sich der Aufwand nicht lohnen. Die Schlankjungfer ist etwa 30 Minuten nach ihrer Landung völlig eingeschlossen und wird verdaut.

Fast geschlossene Falle

5 VERDAUUNG
Besondere Drüsen im Inneren der Falle sondern Säure und Verdauungsenzyme ab, die langsam alle Weichteile des Insektenkörpers zersetzen. Von den gleichen Drüsen wird später auch das verdaute Insekt aufgenommen. Nach ungefähr zwei Wochen ist die Verdauung beendet und die Falle öffnet sich wieder. Das harte Außenskelett des Insekts mit den Flügeln wird vom Wind weggeweht.

ALTE TRADITION
Der Kuss unter dem Mistelzweig ist ein sehr alter Brauch. Die Pflanze galt schon vor etwa 2000 Jahren bei den Druiden des alten Britannien als heilig.

Schmarotzer

Parasitisch lebende Pflanzen sind „Diebe". Anstatt nämlich die für sie unentbehrlichen organischen Substanzen unter Ausnutzung der Sonnenenergie selbst zu bilden, „stehlen" sie sie von anderen Pflanzen. Mit Saugwurzeln (Haustorien) heften sie sich an die Stängel oder Wurzeln sogenannter Wirtspflanzen und zapfen deren Versorgungssystem an, um so Zucker, Wasser und Nährsalze zu entnehmen. Da sie kein Licht brauchen, leben viele Schmarotzerpflanzen die meiste Zeit im Verborgenen. Sie besitzen auch kein oder kaum Chlorophyll. Anders ist es bei den Halbschmarotzern, zu denen zum Beispiel der Augentrost und die Mistel gehören. Sie besitzen grüne Blätter, mit denen sie Fotosynthese betreiben. Doch sie zapfen die Gefäße anderer Pflanzen an und entnehmen Wasser und Mineralien.

Blüte der *Rafflesia arnoldii*

Riesige kronblattartige Kelchblätter umgeben die offene Blüte.

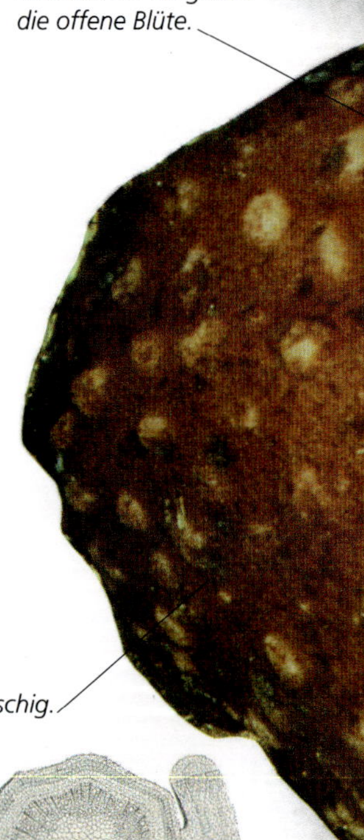

Die Kelchblätter sind dick und fleischig.

Blüten des Teufelszwirns

Der Stängel des Teufelszwirns windet sich um den Stängel einer Wirtspflanze.

EIN STINKENDER RIESE
Rafflesia arnoldii, die als Schmarotzer auf den Wurzeln von Schlingpflanzen in den Regenwäldern Südostasiens lebt, ist die größte der 50 durchweg parasitischen *Rafflesia*-Arten. Sie bringt die größte Blüte der Welt hervor. Eine Blüte wiegt etwa 7 kg und erreicht einen Durchmesser von rund 1 m. Ihr starker Aasgeruch lockt Fliegen als Bestäuber an.

ANZAPFEN DER WIRTSPFLANZE
Teufelszwirne sehen aus wie über die Wirtspflanze ausgebreitete verknotete Schnüre. Junge Pflanzen besitzen noch Wurzeln. Diese werden aber abgebaut, sobald der Stängel Haustorien gebildet hat und mit diesen in die Leitbündel der Wirtspflanze eingedrungen ist.

Blüten des Teufelszwirns

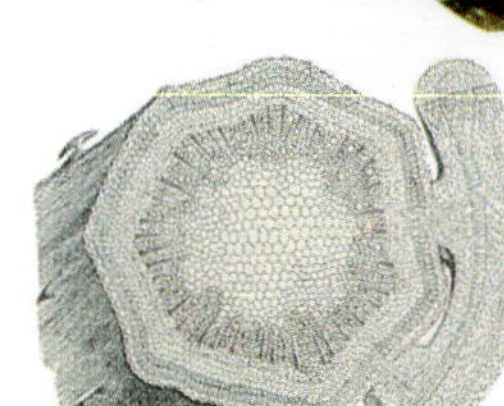

Haustorien dringen in Wirtspflanze ein.

Aufsitzerpflanzen

Nicht alle Pflanzen, die auf anderen Pflanzen leben, sind Schmarotzer (S. 44–45). Viele Pflanzen wachsen lediglich auf anderen Pflanzen – besonders auf Bäumen –, ohne ihnen Schaden zuzufügen. Diese Epiphyten (Aufsitzerpflanzen) decken ihren Wasserbedarf aus der Luftfeuchtigkeit oder sammeln Regen in eigens dafür entwickelten Vorrichtungen. Lebensnotwendige Nährsalze werden aus dem Regenwasser oder pflanzlichen Zerfallsprodukten gewonnen. Als Epiphyt kann auch eine kleine Pflanze ohne langen Stängel ausreichend Licht bekommen. Die epiphytische Lebensweise ist in der Tat so erfolgreich, dass es kaum Bäume gibt, auf denen nicht andere Pflanzen wachsen. In den kühlgemäßigten Zonen sind es meist kleine, einfache Pflanzen wie Algen, Moose oder Flechten, die Bäume besiedeln. In den Tropen aber gibt es auch wesentlich größere Aufsitzer. Manche von ihnen verbringen ihr ganzes Leben hoch oben in den Baumwipfeln, andere, wie die baumwürgenden Kletterpflanzen, keimen hoch oben und treiben später von dort herab Wurzeln ins Erdreich. Wieder andere besitzen in ihrer Jugend normale Wurzeln, die sie aber zurückbilden, sobald sie hoch genug hinaufgeklettert sind.

Diese Lianen (lange, verholzte Kletterpflanzen) wachsen in den Wäldern Mittelamerikas.

Die Blätter haben einen besonderen Belag, um den Wasserverlust möglichst gering zu halten.

Hoch oben in den Bäumen bekommen die Pflanzen ausreichend Licht.

HOCH HINAUS
In den Wäldern Sri Lankas wachsen auf den Bäumen epiphytische Orchideen. Die meisten epiphytischen Pflanzen leben in tropischen oder subtropischen Wäldern, weil sie eine feuchte Umgebung brauchen.

DIE ZISTERNE DER ANANASGEWÄCHSE
Viele Ananasgewächse (Bromeliaceen) sind Epiphyten. Sie leiten das Regenwasser mit ihren in einer Rosette stehenden, steifen, am Rand oft stachligen Blättern in ein zentrales Auffangbecken (rechts). Besondere Haare an den Blättern nehmen das Wasser auf, um es der Pflanze zuzuführen. Ein großes Ananasgewächs fasst über 5 l Wasser und bietet so auch kleinen Wassertieren, z. B. den Kaulquappen der Baumfrösche, ein Heim.

Eine epiphytische Orchidee

EPIPHYTISCHE ORCHIDEEN

Viele tropische Mitglieder der etwa 25 000 Arten umfassenden Orchideenfamilie thronen als Epiphyten hoch oben in den Bäumen. Sie produzieren eine Unzahl von winzigen, windverbreiteten Samen, die auf der Rinde eines geeigneten Baumes auskeimen und zu neuen Pflanzen heranwachsen. Diese Orchideen haben drei verschiedene Luftwurzeltypen. Die einen dienen zum Festhalten an der Unterlage, die anderen der Nährstoffaufnahme und die dritten der Feuchtigkeitsaufnahme aus der Luft. Einige epiphytische Orchideen speichern Wasser und Nahrungsreserven in verdickten Stängeln, den Pseudobulben.

Die Blüten bilden winzige Samen, die vom Wind verbreitet werden.

Dicke, herabhängende Luftwurzeln nehmen herabtropfenden Regen zur Versorgung der Pflanze mit Wasser und Mineralien auf.

Tarzan schwang sich an Lianen von Baum zu Baum.

Tarzan, Held aus Büchern, Filmen und Comics

Lianen bilden natürliche Taue.

NATURTAUE

Lianen, Kletterpflanzen mit biegsamen, verholzenden Stängeln, winden sich zur gegenseitigen Stützung bisweilen umeinander. Stirbt die ursprüngliche Stütze ab und vermodert, hängen die Lianen frei von den Baumkronen herab. Baumwürgende Kletterpflanzen keimen auf einem Baum und treiben Wurzeln nach unten. Diese umschlingen den Stamm des Stützbaums schließlich so fest, dass dieser „erwürgt“ wird.

Lebensraum Wasser

Die ersten Pflanzen auf der Erde entwickelten sich im Wasser. Auch heute noch wimmelt das Wasser von mikroskopisch kleinen Pflanzen, die sich wenig von jenen fernen Vorfahren unterscheiden. Anders ist das bei den wasserlebenden Blütenpflanzen. Die Blütenpflanzen, deren Vorfahren das Wasser verlassen hatten, dominieren fast alle Lebensräume an Land. Einige Arten aber sind wieder ins Wasser zurückgekehrt. Nur wenige, zum Beispiel die Seegräser, leben im Meer. Weit mehr Arten sind in Teichen, Seen und Flüssen anzutreffen. Die meisten dieser Wasserpflanzen wurzeln im Untergrund, doch einige besitzen keine echten Wurzeln mehr. Sie nehmen alle benötigten Nährstoffe aus dem Wasser auf. Manche Arten verbringen ihr ganzes Leben unter Wasser, andere, etwa die Seerosen, bilden auffällige, auf dem Wasser schwimmende Blätter und Blüten. Pflanzen wie Schilf und Binsen stehen im Wasser, ragen aber weit daraus empor und bilden an den Ufern dichte Röhrichtgürtel.

BEDEUTSAMER FUND
Die Tochter des Pharaos findet Moses in einem Binsenkörbchen im Röhricht.

UNTER UND ÜBER WASSER
Der Zungenhahnenfuß beginnt seinen jährlichen Wachstumszyklus unter Wasser, erreicht jedoch bald die Wasseroberfläche, über der er dann Blüten treibt, die von Insekten bestäubt werden.

UNTERWASSERBLÄTTER
Die fein zerteilten Blätter des Fischgrases werden von der Wasserströmung nicht zerstört.

Dieser viktorianische Stich zeigt Papyrus am Nilufer.

SCHWIMMBLÄTTER

Die Blätter der Seerosen entwickeln sich unter Wasser und sind im Jugendstadium zu dünnen Röhren zusammengerollt. Im Frühjahr kommen sie an die Oberfläche und breiten sich als Schwimmblätter aus. Die Schwimmblätter von Seerosen und anderen Wasserpflanzen können die Oberfläche mancher Teiche fast vollständig bedecken. Sie nehmen damit unter Wasser lebenden Pflanzen das notwendige Licht.

DAS ERSTE PAPIER

Papyrus ist ein bis zu 3 m hohes Sauergras. Die alten Ägypter stellten aus dem Mark der armdicken Stängel das erste Papier her.

Die wachsbedeckte Oberfläche der ledrigen Schwimmblätter lässt das Wasser abperlen.

Auf dem Wasser schwimmende Blüte

Lange, biegsame Stängel verbinden die Schwimmblätter mit den im Schlamm verankerten Wurzeln.

Seerose

RIESENSEEROSE

Die Schwimmblätter der *Victoria amazonica* können Durchmesser von bis zu 2 m erreichen.

Überleben in Eis und Schnee

Je höher im Gebirge eine Pflanze wächst, desto niedriger sind die Temperaturen, die sie aushalten muss. Sehr tiefe Temperaturen stellen eine Pflanze vor schwierige Probleme. Die dünne Bergluft erwärmt sich nur wenig und an den ungeschützten Berghängen wird die Abkühlung durch ständigen Wind noch erhöht. Wenig Regen und eine dünne, lange Zeit auch noch gefrorene Bodenschicht sorgen zudem für Wasserknappheit. Viele Pflanzen schaffen es dennoch, unter diesen unwirtlichen Bedingungen zu überleben. Im Himalaja findet man Blütenpflanzen noch in über 6000 Meter Höhe. Sie wachsen in Nischen des durch Frost geborstenen Felsens. Hochgebirgspflanzen und Pflanzen der Polarregionen sind meist klein und kompakt. Sie wachsen oft in dichten Polstern oder flachen Matten und bieten dem Wind so nur wenig Angriffsfläche. Große Blätter an aufrechten Trieben würden zu viel kostbare Wärme und Feuchtigkeit verlieren und obendrein schnell zerfetzt werden.

Unsicherer Unterschlupf eines unerschrockenen Pflanzensammlers

HARTGESOTTEN
In alpinen Regionen müssen Pflanzensammler klettern können und mit der Höhenlage zurechtkommen.

Silberwurz

Wundklee (*Anthyllis montana*)

SONNENSCHUTZ
Feine Haare auf den Blättern schützen diesen Wundklee vor Sonnenschäden. Sie dienen zusätzlich zur Wärmeisolierung und als Schutz gegen zu starken Wasserverlust.

WENIG ZEIT
Wenn der Frühling kommt, verwandeln blühende Pflanzen die Bergwiesen in ein Farbenmeer. In hohen Lagen, wo der Sommer kurz ist, haben die Pflanzen nicht viel Zeit zu blühen und Samen auszubilden, bevor der nächste Winter kommt.

HAARIG
Die Silberwurz kommt sowohl in höheren Gebirgslagen als auch in der Arktis vor. Ein feiner Haarfilz auf den Blattunterseiten isoliert und schützt vor zu hohem Wasserverlust.

STRAHLENRISIKO
Am intensivsten ist die Sonneneinstrahlung in den Hochgebirgslagen der Tropen. Das auf Hawaii heimische Silberschwert kommt bis in Höhen von 4000 m vor. Seine Blätter sind durch einen Überzug aus feinen weißen Haaren vor der gefährlichen Ultraviolettstrahlung geschützt.

Hebe buchanii

POLSTERPFLANZEN
Dieser immergrüne Zwergstrauch aus Neuseeland bildet dichte Polster, die Wärme speichern, Feuchtigkeitsverluste herabsetzen und Windschäden vermeiden. Im Frühling sind sie mit weißen Blüten bedeckt. Die kleinen derben Blätter halten starken Frost aus.

FLACH AM BODEN
Viele Gebirgspflanzen breiten sich in flachen Teppichen über den Boden aus und entgehen so dem eisigen Wind. Diese kriechende Pflanze, *Mazus reptans,* stammt aus dem Himalaja.

ZWERGSTRAUCH
Der alpine Rosmarin-Seidelbast ist ein Zwergstrauch. Seine Verwandten in tieferen Lagen sind viel größer.

KLEINE BLÄTTER
Moltkias sind Borretschgewächse. Anders als viele ihrer Verwandten im Flachland besitzen die alpinen Arten recht kleine Blätter, die dem heftigen Höhenwind besser widerstehen.

Graues Sonnenröschen

BUNTE POLSTER
Wie viele Gebirgspflanzen hat dieser wunderschöne Phlox aus Nordamerika leuchtend gefärbte Blüten, die sich farblich vom felsigen Untergrund abheben und so bestäubende Insekten anlocken.

DOPPELTER SCHUTZ
Graue Sonnenröschen sind doppelt gegen die Unbilden des Wetters geschützt. Zum einen können die niedrigen, buschigen Pflanzen starken Wind besser ertragen als hohe Sträucher mit starren, aufrechten Ästen, zum anderen dient der feine Haarfilz auf Blättern und Stängeln nachts als Wärmeisolierung.

ZWEI VERMEHRUNGSARTEN
Diese Reiherschnabelart aus den Hochlagen der Pyrenäen vermehrt sich durch Samen und über ihre Kriechwurzeln.

Reiherschnabel (*Erodium petralum*)

ZWERGWUCHS
Viele Pflanzen der Hochgebirge sind viel kleiner als ihre Verwandten im Flachland, so auch dieses Johanniskraut (*Hypericum oerastoides*).

Wüstenpflanzen

Keine Pflanze kann völlig ohne Wasser auskommen. Aber auch in sehr trockenen Regionen gibt es Pflanzen. Da der Regen hier oft in unregelmäßigen, aber heftigen Schauern kommt, haben sie Wege entwickelt, während eines Regens so viel Wasser wie möglich aufzunehmen, um es für die nächste Trockenheit zu speichern. Viele dieser sogenannten Sukkulenten haben sehr lange, meist dicht unter der Erdoberfläche verlaufende Wurzeln, um Regenwasser von einer möglichst großen Fläche aufnehmen zu können. Befindet sich das Wasser erst einmal in der Pflanze, so sorgen spezielle Anpassungen dafür, dass es auch dort bleibt. Üblicherweise verlieren Pflanzen Wasser über ihre Spaltöffnungen, winzige Atemöffnungen in der Blattoberfläche. Als Anpassung an Trockenheit können Pflanzen die Öffnung dieser Stomata regulieren oder sie sogar schließen, wenn der Wasserverlust zu groß wird. Viele Sukkulenten öffnen ihre Stomata nur in der Nacht, wenn die Luft kühl ist und wenig Wasser verdunstet. Manche Pflanzen trockener Gebiete besitzen gar keine Laubblätter mehr.

Mammilaria elongata

Ferocactus

Echinocereus

Viele Kakteen haben sehr schöne Blüten.

DIE KAKTEEN
Fast alle echten Kakteen stammen aus Amerika. Die von ihnen besiedelten Trockengebiete erfordern besondere Wuchsformen.So besitzen Kakteen dicke, Wasser speichernde Sprossachsen, die anstelle von Blättern dichte Büschel von Blattdornen tragen. Längsrippen erlauben es diesen Stammsukkulenten, sich bei der Wasseraufnahme auszudehnen, während die Dornen sie vor hungrigen und durstigen Tieren schützen.

Stammsukkulente mit quadratischem Querschnitt

Dornen in Längsreihen

Dornen büschel

Wolfsmilchgewächs

Dorniger Feigenkaktus

LEBENSWEISE PRÄGT DAS AUSSEHEN
Nicht alle dornigen Bewohner trockener Standorte sind Kakteen. Die kaktusähnliche Pflanze links außen ist z. B. ein Wolfsmilchgewächs. Wie bei Kakteen sind die Blätter zu Dornen umgebildet, der Stamm ist dick und grün, er speichert Wasser und übernimmt die Fotosynthese. Diese unabhängige Entwicklung eines bestimmten Lebensformtyps nennt man „konvergente Evolution".

Cleistocactus

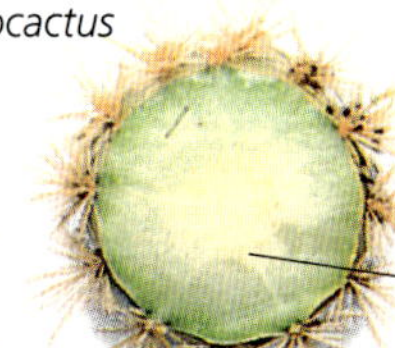
Stammsukkulente mit rundem Querschnitt

RIESENSÄULENKAKTUS
Ein mehrere Jahrhunderte alter Saguaro kann fast 20 m hoch und 6–8 t schwer werden und bis zu 3000 l Wasser speichern.

Sukkulenten

Pflanzen, die in dafür besonders fleischig ausgebildeten Organen Wasser speichern, bezeichnet man als Sukkulenten. Hierbei unterscheidet man drei Haupttypen: Stammsukkulenten, zu denen auch die Kakteen gehören, speichern das Wasser in der stark verdickten Sprossachse. Sie sind in besonders trockenen Gebieten zu finden. Blattsukkulenten, von denen einige auf der Seite abgebildet sind, speichern Wasser in ihren Blättern. Wurzelsukkulenten speichern Wasser in einer besonders dicken Wurzel.

BLATTSUKKULENTEN
Blattsukkulenten leben in Halbwüsten und Salzsümpfen. Bei langer Trockenheit schrumpfen ihre Blätter zusammen. Bei Regen, wenn die Pflanze erneut Wasser aufnimmt, schwellen sie wieder an.

BLÄTTER, DIE TROCKENHEIT VERTRAGEN
Sukkulentenblätter können bis zu 90 % aus Wasser bestehen. Um diesen lebenswichtigen Vorrat zu erhalten, sind sie von einer Wachsschicht überzogen, die die Wasserabgabe (Transpiration) vermindert. Eine filzige Behaarung schützt zusätzlich vor Überhitzung. Blattsukkulenz ist bei vielen nicht näher miteinander verwandten Pflanzen in allen Trockengebieten der Erde zu finden.

VERGÄNGLICHE PRACHT
Viele Wüstenpflanzen sind sehr kurzlebig. Sie keimen nach einem Regenschauer und setzen Samen an, bevor die letzte Feuchtigkeit verdunstet ist. So verwandelt sich die Wüste nach einem Regen für kurze Zeit in ein Blütenmeer. Hier sieht man Tausende gleichzeitig erblühter kleiner Sonnenblumen in der Wüste von Utah (USA).

MARKT IN PERU
Die Kartoffel stammt aus den südamerikanischen Anden. Auch heute werden dort noch viele verschiedene Sorten angebaut.

Nutzpflanzen

Die ersten Menschen lebten als Nomaden und durchstreiften das Land auf der Suche nach Nahrung. Vor rund 10 000 Jahren wurden sie jedoch sesshaft und begannen damit, als Nahrung geeignete Pflanzen anzubauen, anstatt sie in der Wildnis zu sammeln. Durch die gezielte Auswahl und Vermehrung von Pflanzen mit besonders günstigen Eigenschaften begann man mit der Pflanzenzüchtung. Da die Menschen in verschiedenen Erdteilen unabhängig voneinander Ackerbau betrieben, wurden in den einzelnen Regionen der Erde aus den dortigen Wildpflanzen die verschiedensten Nutzpflanzen gezüchtet. So kam es auch, dass die frühen Weltreisenden immer neue, aufsehenerregende Nahrungspflanzen von ihren Reisen in ferne Erdteile mit nach Hause brachten. Die Obst- und Gemüsesorten, die wir heute verzehren, stammen aus vielen verschiedenen Teilen der Erde. Diejenigen von ihnen, die unser Klima vertragen, werden heute allerdings auch hierzulande angebaut.

Wilder Chicorée (Wegwarte)

AUFZUCHT IM DUNKELN
Lässt man den Kulturchicorée im Licht wachsen, ähnelt er seinen wilden Vorfahren und schmeckt sehr bitter. Um Chicorée mit wesentlich milderem Geschmack zu erhalten, schneidet man die Pflanze bis zum Boden ab und bringt sie, bevor sie wieder austreibt, ins Dunkle. Die nun entstehenden hellgelben Blätter sind als Salat und Gemüse begehrt.

Gelblicher Trieb des Kulturchicorées

Kolben einer modernen Maissorte

Eine primitive Maispflanze mit Kolben

URMAIS
Mais ist ein Getreide, das wie Weizen zu den Süßgräsern gehört. Seine Züchtung begann in Mittelamerika, wo man noch heute primitive Maissorten finden kann. Die Gegenüberstellung der beiden rechts abgebildeten Maiskolben verdeutlicht den Erfolg gezielter Züchtung.

Früchte einer Wildtomate aus Mexiko

Die Blüten der wilden Tomate sind denen der Kulturtomate sehr ähnlich.

Fleischtomate

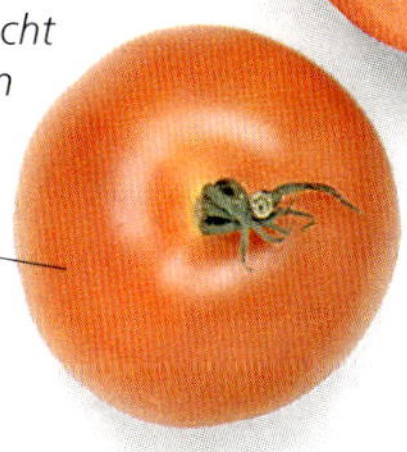

Kulturtomaten haben durch Zucht enorm an Größe gewonnen.

GRÖSSER – UND BESSER?
Die Wildform der Kulturtomate trägt rote Beeren von der Größe kleiner Weintrauben, die jedoch viel süßer und kräftiger schmecken als Zuchttomaten.

ANBAU IM WASSER
Reis, der im Fernen Osten bereits seit über 5000 Jahren kultiviert wird, dient über der Hälfte der Menschheit als Hauptnahrungsmittel. Er wächst meist auf überfluteten Feldern (Wasserreis).

Arbeit in einem überfluteten Reisfeld

Blütenstand einer Wilden Möhre

Wurzel der Wilden Möhre.

Kultivierte Möhre

ESSBARE WURZELN
Die Wilde Möhre ist über ganz Europa und weite Teile Asiens verbreitet. Ihre Wurzel ist meist weiß oder blassgelb, lediglich in Afghanistan gibt es eine Varietät mit orangefarbenen Wurzeln. Daraus schließt man, dass die Kulturmöhre aus diesem Gebiet stammt.

Wildkohl hat zähe, dunkelgrüne Blätter.

ERSTAUNLICHE WANDLUNG
Wildkohl wächst an der Meeresküste und hat locker an einem verzweigten Spross stehende Blätter. Langjährige Züchtung ergab saftigere Blätter und einen milderen Geschmack. Bei den meisten Kulturformen des Kohls sind die Blätter nun zu einem festen Kopf zusammengefaltet. Bei Rotkohlsorten wurde zudem bei der Zucht auf einen hohen Anteil an rotem Farbstoff (Anthocyan) geachtet.

Moderne Kohlsorte (Wirsing)

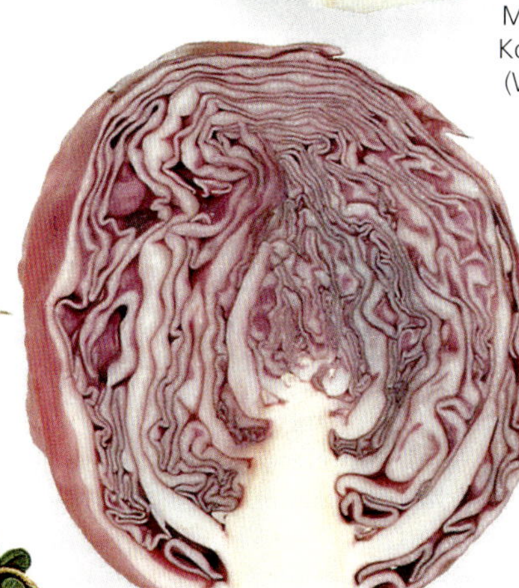

Rotkohl

GROSSE AUSWAHL
Dieser Ausschnitt aus einem Stillleben des niederländischen Malers Lucas van Valkenborch (16. Jh.) beweist, dass es schon vor 400 Jahren eine große Auswahl an Gemüse gab.

Geschichte des Weizens

Weizen wird schon seit mindestens 9000 Jahren angebaut. Seine Körner wurden in altägyptischen Gräbern gefunden und er war, wie man weiß, das Hauptgetreide der alten Griechen und Römer. Als Ursprungsgebiet des Kulturweizens gilt der „Fruchtbare Halbmond". Diese einst reiche Agrarregion umfasste Teile des heutigen Israel, Jordanien und Syrien, der Türkei sowie des Irak und des Iran. Große Teile dieses Gebiets sind nun Wüste. Heute wird Weizen in den meisten dafür geeigneten Gebieten der Erde angebaut. Moderne Sorten sorgen für hohe Erträge und eine gute Qualität der Körner. Frühe, primitive Weizensorten wie das Einkorn oder der Emmer, hatten noch lange, dünne Halme mit kleinen Körnern, die bei Wind leicht umknickten und einen geringen Ertrag brachten. Nach breit angelegten Zuchtprogrammen gegen Trockenheit und Krankheiten gibt es heute widerstandsfähige Hochertragssorten mit vergleichsweise kurzen, kräftigen Halmen und großen Körnern.

GRUNDNAHRUNGSMITTEL
Getreide werden schon seit Jahrtausenden angebaut. Dieses Bild aus dem 11. Jh. zeigt Bauern bei der Ernte.

GETREIDEERNTE
Bei Wildgräsern fallen die reifen Samen zur Erde. Die ersten Bauern wählten Pflanzen aus, deren Körner am Halm geerntet werden konnten.

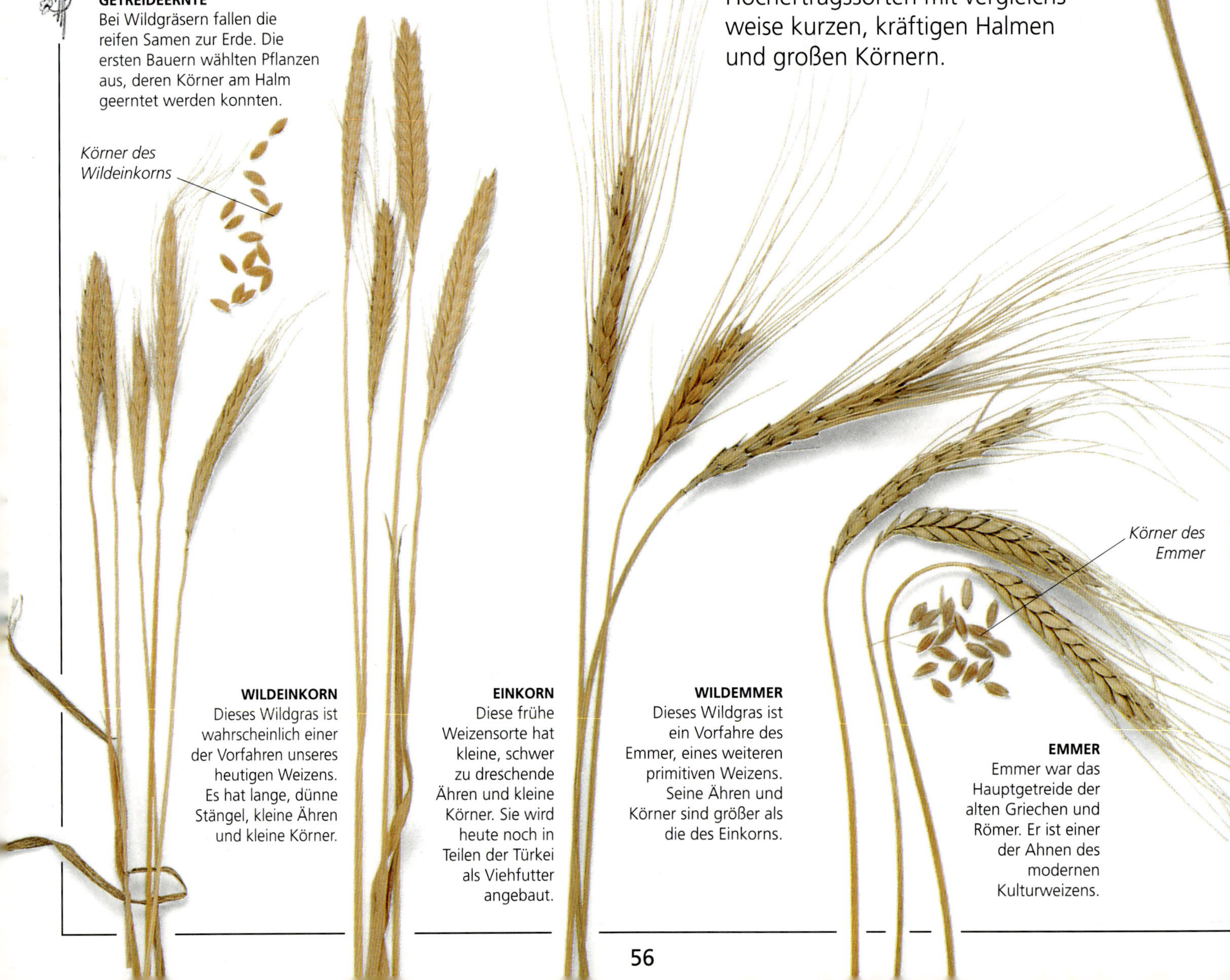

WILDEINKORN
Dieses Wildgras ist wahrscheinlich einer der Vorfahren unseres heutigen Weizens. Es hat lange, dünne Stängel, kleine Ähren und kleine Körner.

EINKORN
Diese frühe Weizensorte hat kleine, schwer zu dreschende Ähren und kleine Körner. Sie wird heute noch in Teilen der Türkei als Viehfutter angebaut.

WILDEMMER
Dieses Wildgras ist ein Vorfahre des Emmer, eines weiteren primitiven Weizens. Seine Ähren und Körner sind größer als die des Einkorns.

EMMER
Emmer war das Hauptgetreide der alten Griechen und Römer. Er ist einer der Ahnen des modernen Kulturweizens.

Die langen rauen Borsten an den Spitzen der die Körner umgebenden Hüllspelzen werden Grannen genannt.

Körner des Dinkel

WEIZENSTEPPE
Weizenpflanzen sind heute viel niedriger als noch vor hundert Jahren. Kurze Halme verhindern, dass sich die Pflanze legt, was ihre maschinelle Ernte sehr erschweren würde. Dies ist ein großer Fortschritt, v. a. für die Haupterzeugerländer des Weizens mit ihrem großflächigem Anbau.

DINKEL
Ein großer Entwicklungsschritt war getan, als der Emmer sich mit Ziegenweizen gekreuzt hatte, der als Unkraut auf den Weizenfeldern wuchs. Das Ergebnis war der Dinkel, der noch immer in Teilen Nordwesteuropas angebaut wird.

Hartweizen

Dunkles Brot aus ungebleichtem Vollkornmehl

Muschelförmige Teigwaren

Rohes Vollkornmehl

Weißes Brot aus fein gemahlenem, gebleichtem Mehl

HARTWEIZEN
Der großkörnige Durum – oder Hartweizen, auch „Makkaroniweizen" genannt, ist ebenfalls nah mit dem Emmer verwandt. Sein Mehl eignet sich besonders für die Herstellung von Teigwaren. Hartweizen wird bevorzugt im Mittelmeerraum angebaut.

Saatweizen (Weichweizen)

SAATWEIZEN
Der Saat oder Weichweizen ist die am weitesten verbreitete moderne Weizensorte. Aus den großen Körnern des Saatweizens hergestelltes Mehl ist reich an Kleber und eignet sich daher gut zum Backen.

Heil- und Giftpflanzen

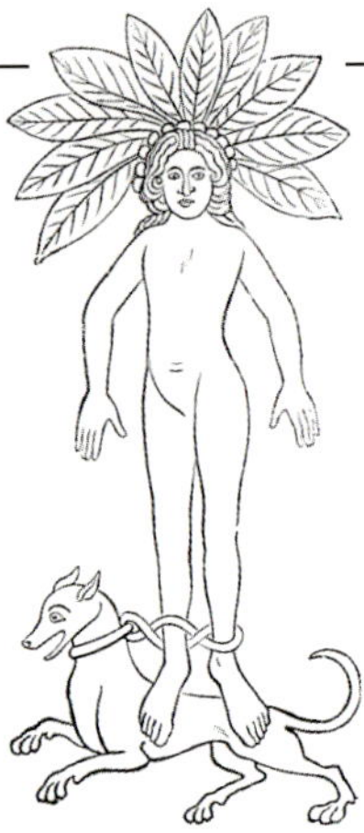

MANDRAGORA
Die schwach giftige Alraune (Wurzel der mediterranen Mandragora) verwendete man früher als Sexualstimulans und Schmerzmittel. Da man glaubte, die magische Pflanze stoße beim Herausziehen einen todbringenden Schrei aus, richtete man hierfür Hunde ab.

Früher wurden die meisten Arzneimittel aus Pflanzen hergestellt. Durch Versuch und Irrtum stellte man fest, welche Pflanzen eine bestimmte Krankheit am besten zu heilen vermochten. Die so entdeckten Heilpflanzen wurden vor allem in Klostergärten gezogen und in Kräuterbüchern beschrieben und abgebildet. Auch heute nutzt die Pharmaindustrie Pflanzen als Rohstoffe. Viele Pflanzenstoffe sind in größeren Mengen giftig. Richtig dosiert können sie jedoch für die Medizin von großem Nutzen sein. Die Suche nach neuen Arzneien setzt sich fort, daher untersuchen Pharmakologen Tausende Pflanzen aus aller Welt auf neue Wirkstoffe.

Aloe vera

Kosmetisches Präparat aus Aloe vera

Jojoba

KOSMETISCHE ANWENDUNG
Angenehme Pflanzendüfte und hautpflegende Pflanzenöle verwendet man gern zur Herstellung von Kosmetika, besonders geschätzt werden Jojoba und Aloe vera.

Rote Ginsengwurzel aus Korea

AUS DEM FERNEN OSTEN
Die Ginsengwurzel gilt seit Jahrtausenden als chinesisches Universalheilmittel für viele Krankheiten und als Aphrodisiakum. Heute wird Ginseng in großem Maßstab angebaut und in alle Welt exportiert.

Türkischer Schlafmohn

SCHLAFMOHN
Durch Anritzen unreifer Schlafmohnkapseln, einer seit dem Altertum bekannten Arzneipflanze, erhält man den weißen Milchsaft, der getrocknet Rohopium ergibt, und verarbeitet dieses zu Morphin, Codein und Heroin, hochwirksamen Schmerz-, Husten- und Rauschmitteln, die zur tödlichen Sucht führen können.

Pflanzendarstellung aus einem Kräuterbuch des 12. Jh.

Rizinussamen enthalten neben Öl auch das sehr giftige Ricin.

Rizinuspflanze

TÖDLICH GIFTIG
Das aus Rizinussamen gewonnene Öl diente schon bei den alten Ägyptern als Abführmittel. Rizinussamen enthalten jedoch auch das stark giftige Ricin. Ihr Verzehr führt daher zu starken Vergiftungserscheinungen bis zum Tod.

Blätter einer giftigen Dieffenbachie (*Dieffenbachia seguine*)

GIFTIGE DIEFFENBACHIE
Gekaut geben die Blätter dieser Pflanze einen Giftstoff ab, der die Zunge so stark anschwellen lässt, dass man längere Zeit nicht sprechen kann.

GETRÄNK ODER DROGE?
Der Peyotl-Kaktus *Lophophora williamsii* enthält Mescalin, eine Substanz, die Halluzinationen hervorruft. Mescalin wird in religiösen Zeremonien verwendet. Der Schnaps Mezcal hingegen wird nicht aus dem Kaktus, sondern aus Agaven hergestellt. Beide Pflanzen wachsen in Mexiko.

Peyotl (*Lophophora williamsii*)

Das Getränk Mezcal wird aus *Agave tequilana* hergestellt.

TÖDLICHE BEEREN
Das Tollkirschengift Atropin wird v. a. in der Augenheilkunde, aber auch bei bestimmten Magenleiden angewendet. Drei bis vier Beeren können ein Kind töten.

Tollkirsche

VON COCA ZU KOKAIN
Vor etwa 1000 Jahren entdeckten Indianer Südamerikas, dass das Kauen der Blätter des Cocastrauchs Schmerz betäubt und Hunger und Müdigkeit vertreibt. Die Blätter enthalten Kokain, das als Rauschmittel zu einer gefährlichen Sucht führen kann.

Zum Verkauf angebotene Blätter des Cocastrauchs

Diese Kolonialherren im Indien des ausgehenden 19. Jh. erfrischen sich mit einem Gin Tonic.

Fingerhut

HILFE FÜR DAS KRANKE HERZ
Der giftige Fingerhut ist eine sehr wichtige Arzneipflanze. Die Herzglycoside seiner Blätter bewirken in therapeutischen Dosen, dass das Herz langsamer und kräftiger schlägt, und werden daher bei Herzschwäche eingesetzt.

Blätter eines Chinarindenbaums

EIN HEILMITTEL GEGEN MALARIA
Chinin, ein Alkaloid aus der Rinde des südamerikanischen Chinarindenbaums, war lange das Heilmittel gegen Malaria und andere Fiebererkrankungen. Heute benutzt man es als Bitterstoff für Tonic Water.

Pflanzenjäger

Scutellaria tournefortia, ein Helmkraut, wurde nach seinem Entdecker Joseph Pitton de Tournefort benannt.

Viele unserer Zierpflanzen stammen aus fernen Ländern. Die meisten Fuchsien beispielsweise sind in Südamerika heimisch, die Glyzinie in China und Japan, viele Azaleen im Himalaja und Tulpen in West- und Zentralasien. Dies sind nur einige von Tausenden von Pflanzen, die von Pflanzensammlern im Lauf der Zeit aus allen Teilen der Erde zusammengetragen wurden. Das Pflanzensammeln erreichte seinen Höhepunkt im 19. und frühen 20. Jahrhundert, als unerschrockene Botaniker auf der Suche nach noch unbekannten Pflanzen immer weiter in bis dahin unbekannte Regionen der Erde vordrangen. Dies war oft recht gefährlich, da sich die Reisenden besonders in den Tropen nicht selten mit kriegerischen Eingeborenen auseinandersetzen mussten, von wilden Tieren attackiert wurden und gefährlichen Krankheiten ausgesetzt waren. Doch der Drang nach neuen Entdeckungen überwand alle Widrigkeiten.

Ein mit einer Botanisiertrommel ausgerüsteter Pflanzensammler des 19. Jh.

IM KÖNIGLICHEN AUFTRAG
Der Botaniker Joseph Pitton de Tournefort (1656–1708) wurde vom französischen König Ludwig XIV. ins östliche Mittelmeergebiet gesandt, um dort Pflanzen zu sammeln. Viele der über 1000 Pflanzen, die er von seiner Reise mitbrachte, sind heute beliebte Gartenzierpflanzen.

DIE ERFORSCHUNG DES FERNEN OSTENS
Das Schwarzweißfoto aus den 1920er-Jahren zeigt Botaniker auf einer Chinaexpedition. China war wegen seiner unerforschten Pflanzenwelt viele Jahre lang von großem Interesse. Auch heute werden dort noch neue Pflanzenarten entdeckt. Das Farbfoto rechts zeigt einen heutigen Botaniker auf einer Forschungsexpedition.

Botanisiertrommel des 19. Jh. mit *Sarcococca hookeriana,* einem Buchsbaumgewächs, wie viele andere Arten nach den englischen Botanikern Hooker benannt.

VATER UND SOHN
William Hooker (1785–1865) und sein Sohn Joseph (1817–1911) waren leidenschaftliche Botaniker. William Hooker war der erste Direktor der „Royal Botanic Gardens" in Kew (England), sein Sohn Joseph, bekannt v. a. durch die vielen von ihm im Himalaja gesammelten Rhododendren, wurde sein Nachfolger.

Blätter einer Platane

Vater und Sohn Tradescant

DIE ERFORSCHUNG DER NEUEN WELT
John Tradescant und sein gleichnamiger Sohn waren englische Pflanzenjäger. Während der Vater in Russland Pflanzen sammelte, ging der Sohn nach Amerika und brachte sogar Bäume nach Europa, u. a. den Tulpenbaum und die Nordamerikanische Platane.

Die Rabattenpflanze *Tradescantia* wurde nach John Tradescant dem Älteren benannt.

ZU EHREN DER KÖNIGIN
Dieses ägyptische Wandbild aus dem Jahr 1495 v. Chr. ist der früheste bekannte Beleg für die lange Tradition des Pflanzensammelns. Die Sammler bringen der Königin Hatschepsut Weihrauchbäume vom Horn von Afrika.

Wunderbar erhaltene botanische Nachschlagewerke

EINE KAISERLICHE SAMMLERIN
Kaiserin Josephine, die Gattin Napoleons, schuf um ihr Haus in Malmaison einen einmalig schönen Garten, der besonders wegen seiner Rosen aus allen Teilen der Welt berühmt wurde. Die kaiserlichen Rosenschiffe blieben sogar im Englisch-Französischen Krieg unbehelligt.

Pflanzensammler

Botanik als Hobby

Man kann sowohl lebende als auch konservierte Pflanzen sammeln. Letztere sind meist gepresst und werden in einem Herbarium aufbewahrt, wo sie von interessierten Botanikern betrachtet werden können. Botanische Gärten mit Sammlungen lebender Pflanzen sind ebenso wichtig und sorgen bisweilen dafür, dass seltene Pflanzen nicht aussterben. Das Anlegen einer eigenen Pflanzensammlung ist der beste Weg zum Kennenlernen von Pflanzen. Man sollte jedoch darauf achten, unter Wildpflanzen so wenig Schaden wie möglich anzurichten. Seltene Pflanzen sind zudem gesetzlich geschützt und dürfen nicht abgerissen oder ausgegraben werden. Will man eigene Pflanzen ziehen, so kann man dafür Samen sammeln oder auch in Samenhandlungen kaufen. Im Garten kann man über die Pflanzen beliebig verfügen, ohne wild wachsende Bestände zu beeinträchtigen.

Blatt aus einem Herbarium

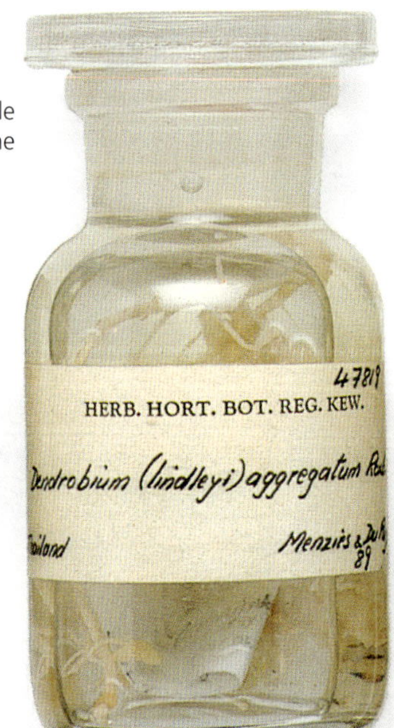

Konservierte Pflanzenteile in einer Schliffflasche

Kästchen mit getrockneten Pflanzenteilen

Pflanzenpresse

DIE AUSRÜSTUNG EINES BOTANIKERS
Um ein Herbarium anzulegen, werden Pflanzen gepresst und auf Herbariumsblätter aufgeklebt. Außerdem vermerkt man ihren Namen, den Fundort und das Datum. Die Pflanzen eines Herbars können dann immer wieder betrachtet und untersucht werden.

Baumschere

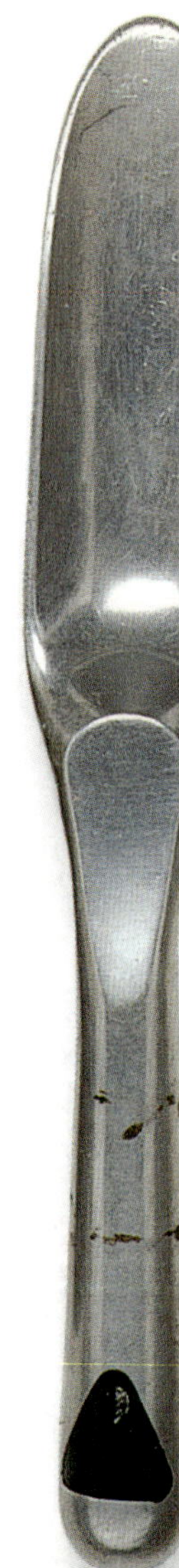

Pflanzenheber

Skizzenblock

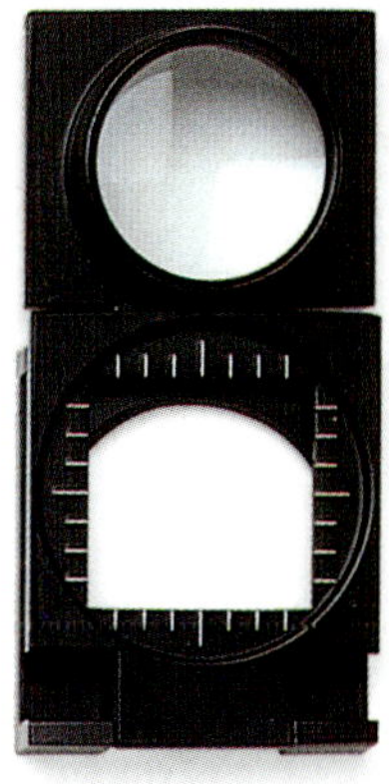

Vergrößerungsglas

DAS STUDIUM DER PFLANZEN

Wenn man sie fotografiert oder zeichnet, lernt man sehr viel über die Biologie der Pflanzen. Beim Zeichnen entdeckt man viele für die Bestimmung der Pflanze nützliche Einzelheiten. Für die genauere Untersuchung von Blüten und Blättern benötigt man eine Lupe. Die Aufzucht von Pflanzen aus selbst gesammelten Samen erfordert viel Geduld und Sorgfalt. Samen müssen immer trocken gelagert werden. Viele Samen keimen besser, wenn man sie vor der Aussaat einige Wochen in den Kühlschrank legt, um so die niedrigen Temperaturen des Winters nachzuempfinden. Große Samen wie Erbsen keimen schneller, wenn man sie vor der Aussaat anritzt oder mit Sandpapier aufraut.

Schere

Fotoapparat

Kleine Umschläge zum Sammeln von Samen

DIE KONSERVIERUNG VON PFLANZEN

Pflanzen können mit einer einfachen Presse oder mit einem Stapel von Büchern gepresst werden. In beiden Fällen legt man die Pflanzen zuvor zwischen Löschpapier, das man allerdings öfter wechseln muss. Das Trocknen mancher Pflanzen kann mehrere Wochen dauern.

Flügelmuttern zum Zusammenschrauben der Pflanzenpresse

Einfache Pflanzenpresse

Oberteil der Pflanzenpresse

Wusstest du das?

Erstaunliche Fakten

Langlebige Kiefer

Die ältesten den Botanikern bekannten Samen stammen von einer arktischen Lupine (*Lupinus arcticus*). Sie sind etwa 10000 Jahre alt. Dass diese Samen in der arktischen Kälte sich so lange halten, führte zu der Idee, Pflanzensamen für die Zukunft einzufrieren.

Die älteste Pflanze ist vermutlich eine Langlebige Kiefer (*Pinus longaeva*), Methusalem genannt. Sie ist etwa 4900 Jahre alt und steht in den White Mountains in Kalifornien (USA) – der genaue Ort wird geheim gehalten, um den Baum zu schützen.

Die Familie der Orchideen ist mit 25000–30000 Arten die artenreichste unter den Blütenpflanzen. Die meisten Orchideen wachsen in den Tropen, aber man findet sie nahezu überall, nur nicht in extrem trockenen Gebieten, Eiswüsten und im Salzwasser.

Arktische Lupine

Die immergrüne Buschvegetation Fynbos in der Kapregion in Südafrika enthält auf kleiner Fläche so viele Arten wie kaum eine andere Vegetation der Welt. Etwa 6500 Arten wachsen hier – das sind fast so viele wie in ganz Europa. So gibt es z. B. erstaunlich viele Aloe-, Zuckerbusch- und Heidearten in den Küstenregionen östlich und nördlich von Kapstadt.

Torfmoos (*Sphagnum*) wächst im Moor und trägt zur Bildung von Torf bei. Es kann das 25-Fache seines Trockengewichts an Wasser aufnehmen.

Je kleiner eine Pflanze ist, desto weniger wissen wir über sie. Forscher schätzen, dass sie 85–90 % der Blütenpflanzen kennen, aber nur etwa 5 % der mikroskopisch kleinen Organismen.

Die größte Frucht ist der Kürbis mit bis zu 513 kg Gewicht.

Die wichtigste Zutat der Schokolade ist die Bohne des Kakaobaums, der im Regenwald in Südamerika wächst.

Zuckerbusch

Die ältesten Fossilien des bis heute existierenden Ginkgos (*Ginkgo biloba*) sind etwa 160 Mio. Jahre alt. Der Baum wuchs bereits zur Zeit der Dinosaurier während des Erdzeitalters des Jura. Extrakte aus der Rinde und der Wurzel sollen gesund sein. Der Same gilt in China als Delikatesse.

Die Bastpalme (*Raphia farinifera*) in Madagaskar und an der Ostküste des tropischen Afrika hat die größten Blätter: Bis zu 20 m werden sie lang.

Die Banyan-Feige (*Ficus benghalensis*) wächst gleichzeitig nach oben und unten: Luftwurzeln wachsen von den Ästen Richtung Boden und bilden schließlich neue Stämme.

In Japan wird die Chrysantheme als Nationalblume verehrt. Der Blume ist sogar ein eigener Feiertag gewidmet: der 9. September. Gemäß der Lehre des Feng Shui bringt die Chrysantheme Freude und Gelächter in ein Haus.

Tulpen kommen ursprünglich aus der Türkei, dem Iran, Syrien und Teilen Asiens. Händler brachten sie im 16. Jh. nach Europa. 1593 wurden sie erstmals in Holland angebaut. Bis 1633 waren die Adligen dort derart im Tulpenrausch, dass sie riesige Geldbeträge für bestimmte Blumenzwiebeln zahlten.

Der Marienbohne, heimisch in Mittelamerika, gelingt die weiteste Verbreitung: Ihre Samen wurden auf den Marshallinseln im Pazifik und auch an den Küsten Norwegens angespült – Orte, die 24150 km voneinander entfernt liegen.

Orchidee

Fragen und Antworten

Feuerkirsche

F Warum sind Kirschen rot?

A Die Früchte des Kirschbaums sind rot, um viele Vögel anzuziehen, die für die Verbreitung der Pflanze sorgen. Die Kirsche enthält einen Kern, unter dessen Schale die Samen geschützt liegen. Wenn Vögel die Früchte essen, passieren die Samen auf diese Weise unverdaut den Darm und werden so verbreitet. Früchte, die von Insekten verbreitet werden, sind selten rot, denn mit Ausnahme der Schmetterlinge können Insekten die Farbe Rot nicht erkennen.

F Welches ist die bizarrste Pflanze?

A *Welwitschia mirabilis* wächst in den Wüsten Namibias und Angolas. Diese erstaunliche Pflanze wird bis zu 2000 Jahre alt und hat einen kurzen Stamm. Die zwei bandartigen Blätter wachsen zeit ihres Lebens immer weiter, bis sie mehrere Meter lang sind. An der Spitze trocknen sie ein und drehen sich zusammen. Die Blätter sind hart und holzig, eine ideale Anpassung an trockene Hitze und ein Mittel gegen Fressfeinde. *Welwitschia* gedeiht in Gegenden mit wenig Regen, aber viel Nebel, der vom Meer her aufzieht. Die Blätter sammeln die Feuchtigkeit des Nebels und sichern so das Überleben der Pflanze. Die Blüten stehen in zapfenartigen Blütenständen.

F Wo gibt es die artenreichste Vegetation?

A Südamerika ist die artenreichste Region, denn hier leben geschätzte 90 000 Pflanzenarten. Das artenreichste Land ist Brasilien, hier wachsen 56 000 Arten, gefolgt von Kolumbien mit 35 000 Arten. Hohe Niederschläge und warme Temperaturen sind vermutlich für diesen Pflanzenreichtum verantwortlich. Die späte Besiedlung des tropischen Regenwalds durch den Menschen ist ein weiterer Faktor.

F Warum wechseln manche Blätter im Herbst die Farbe?

A Wenn die Tage kälter und kürzer werden, beginnen laubabwerfende Bäume das Chlorophyll (der grüne Blattfarbstoff) aus den Blättern abzuziehen und in den Stamm zu verlagern. Dadurch werden nach und nach rote und gelbe Farbstoffe sichtbar, die vorher vom Grün überlagert wurden.

Welwitschia mirabilis

Rekordverdächtig

KLEINSTE PFLANZE

- Die Zwergwasserlinse (*Wolffia arrhiza*) ist die kleinste Pflanze der Welt. Sie wird 0,8 mm lang und 0,4 mm breit. Auf einem Teelöffel haben über 100 000 Exemplare Platz.

GRÖSSTE SAMEN

- Die Seychellennuss (*Lodoicea maldivica*) bildet die größten Samen: Die Früchte dieser Palme, auch als Coco de Mer bekannt, wiegen bis zu 23 kg. Sie brauchen etwa 10 Jahre, bis sie reif sind.

GRÖSSTER BAUM

- Der Küstenmammutbaum (*Sequoia sempervirens*) in Kalifornien ist mit bis zu 112 m Höhe der größte Baum der Welt.

Zwergwasserlinse

Systematik

Das Pflanzenreich wird in zwei Bereiche aufgeteilt. Die meisten der uns bekannten 400 000 Pflanzenarten gehören zu den Blütenpflanzen, auch Bedecktsamer oder Angiospermen genannt. Pflanzen, die zwar Samen bilden, aber keine Blüten, nennt man Nacktsamer oder Gymnospermen.

Ginkgo

GINKGO
Dieser Baum stammt aus China und ist ein Nacktsamer, daher ist er mit den Nadelbäumen verwandt. Da er aber – anders als Nadelbäume – breite fächerförmige Blätter besitzt, die im Herbst abfallen, gehört er zu einer eigenen Gruppe.

Lebermoos

Die meisten Lebermoose bilden Blätter, aber einige sind flach und blattlos.

MOOSE
Es gibt drei verschiedene Klassen von Moosen – Leber-, Horn- und Laubmoose – mit insgesamt etwa 14 000 Arten. Die meist lieben schattige, feuchte Plätze. Die ersten Moose erschienen vor rund 425 Mio. Jahren und trugen zur Bildung von Kohle und Torf bei.

Blütenpflanzen

Die Gruppe der Blütenpflanzen (Angiospermen) umfasst rund 250 000 Arten – also die Mehrzahl aller Pflanzen. Der weibliche Teil der Blüte – der Fruchtknoten – enthält die Eizellen, die durch den Pollen befruchtet werden. Dann welkt die Blüte und eine Frucht entwickelt sich. Es gibt zwei Gruppen von Blütenpflanzen: Ein- und Zweikeimblättrige.

Weizen

Einkeimblättrige bilden bei der Keimung nur ein Keimblatt. Die späteren Laubblätter sind oft lang und schmal mit parallelen Blattadern. Zu dieser Gruppe gehören Gräser, wie z. B. die Getreide, Gemüse wie der Lauch, einige Früchte wie die Ananas sowie Orchideen und Lilien. Es gibt etwa 55 000 Arten.

Ananas

Lauch

Zweikeimblättrige bilden zwei Keimblätter. Die Blattadern der späteren Laubblätter bilden meist ein Netz um eine zentrale Blattrippe. Es gibt mindestens 200 000 Arten, darunter die meisten Sträucher, fast alle Laubbäume, viele Kräuter und Blumen.

Rose

Zweikeimblättrige haben oft einen holzigen Stamm.

Kohl

Kaktus

FARNE

Es existieren rund 12 000 verschiedene Farnarten. Sie wachsen v. a. an feuchten Plätzen, z. B. im Wald. Farnblätter bezeichnet man als Wedel. Auf ihrer Unterseite sitzen die Sporen, die vom Wind verbreitet werden und sich zu einer neuen Farnpflanze entwickeln.

Bärlapp

BÄRLAPP

Diese Pflanzengruppe existiert bereits seit 430 Mio. Jahren. Die heutigen Bärlappgewächse sind klein, besitzen nadelförmige Blätter und kriechende Sprosse. Aber einige prähistorische Arten wurden groß wie ein Baum. Bärlapp pflanzt sich über Sporen fort.

NADELBÄUME

Diese Gruppe der Nacktsamer mit über 550 Arten umfasst v. a. große immergrüne Bäume. Sie betreiben selbst im Winter Fotosynthese und ihre Blätter sind meist wie Nadeln geformt. Zu diesen auch Koniferen genannten Pflanzen gehören Kiefern, Fichten, Tannen, Zedern, Zypressen und Wacholder.

Kiefer

PALMFARN

Diese Nacktsamer wachsen in den Tropen. Sie sehen zwar aus wie Palmen, sind mit ihnen aber nicht verwandt. Im Jura vor 208–146 Mio. Jahren waren sie weitverbreitet, aber es sind nur etwa 100 Arten übrig. Ihre attraktiven Blätter machen sie zu beliebten Gartenpflanzen.

Palmfarn

SCHACHTELHALM

Diese sehr alte Gruppe von Pflanzen existierte bereits vor 300 Mio. Jahren. Einige Arten erreichten damals bis zu 15 m Länge, aber die heute lebenden 35 Arten werden nicht größer als 1 m. Schachtelhalmgewächse sind eng mit den Farnen verwandt.

Riesige Schachtelhalm-Wälder wuchsen früher auf der Erde.

Schachtelhalm

Welwitschia mirabilis, auch Tumboa genannt

Zapfen bilden sich im Sommer.

GNETOPHYTEN

Diese Pflanzen sind zwar Nacktsamer, sehen aber eher aus wie Blütenpflanzen. Es existieren etwa 70 Arten, darunter Lianen, Bäume und Sträucher. Einige Arten, wie die *Welwitschia*, wachsen in der Wüste.

Neugierig geworden?

Um mehr über Pflanzen herauszufinden, musst du nicht weit gehen. Du brauchst dich nur umzuschauen. Erforsche deinen Garten oder halte Pflanzen auf der Fensterbank. Besorge dir ein Bestimmungsbuch und schau, welche Pflanzen in deiner Umgebung wachsen. So lernst du die heimische Pflanzenwelt kennen. Exotische Arten und viele spannende Informationen findest du in einem botanischen Garten. Um prähistorische Pflanzen zu sehen, besuche ein Naturkundemuseum und sieh dir die Fossilien an. Auch Wochenmärkte haben einiges zu bieten.

BOTANISCHE GÄRTEN
In einem botanischen Garten wachsen Pflanzen aus aller Welt. Seltene und exotische Arten werden hier oft unter speziellen Bedingungen gehalten, z. B. im Gewächshaus. Wüstenpflanzen beispielsweise brauchen ein trockenes heißes Klima, um gut zu gedeihen.

Bei Privatgrundstücken frage den Besitzer um Erlaubnis, bevor du sie erkundest.

IN DER WILDNIS
Um Pflanzen in ihrer natürlichen Umgebung zu erforschen, gehe einfach raus in die freie Natur (sage vorher einem Erwachsenen Bescheid). Im Frühling zeigen sich viele Blütenknospen und junge Triebe, und nichts ist so schön wie eine sommerliche Blumenwiese in voller Blüte.

Pflücke wilde Pflanzen nicht, so leistest du einen Beitrag zum Umweltschutz.

Stiefmütterchen verlieren an Farbe, wenn sie trocknen.

Schreibe den Namen und das Datum auf das Papier.

PFLANZEN SAMMELN
Pflücke eine aufgeblühte Blume. Lege die Blüte getrennt von den Blättern flach auf ein großes Stück Papier. Falte das Papier zusammen und klemme es in ein dickes Buch. Lass die Blume für eine Woche trocknen.

Besuche doch mal …

INSEL MAINAU (BODENSEE)
Berühmte Blumeninsel mit einem Schloss als majestätische Kulisse.

HERRENHÄUSER GÄRTEN (HANNOVER)
Historischer Garten mit Grotte und Berggarten.

PALMENGARTEN (FRANKFURT)
Mit Palmenhaus, klimatisierten Gewächshäusern und zahlreichen Freiflächen.

GÄRTEN DER WELT (BERLIN)
Gartenanlagen im Stil verschiedener Regionen der Welt.

BOTANISCHER GARTEN (MÜNCHEN)
Riesige Gewächshäuser, ein Baumpark und ein kunstvoll angelegter Schmuckhof.

BOTANISCHER GARTEN (WIEN)
Er gehört zur Universität Wien und wurde bereits 1754 gegründet.

GETROCKNETE BLUMEN
Blumen müssen nicht welken. Einen schönen Blumenstrauß kannst du konservieren, indem du ihn zusammenbindest und kopfüber aufhängst, bis alle Blumen trocken sind. Stelle den Strauß dann in eine Vase ohne Wasser.

Diesen getrockneten Blumenstrauß gab es auf einem Wochenmarkt zu kaufen.

WANDERUNG IM WALD
In den Wäldern und Parks in deiner Umgebung gibt es zu jeder Jahreszeit etwas zu sehen. Der Weg unten ist von April bis Mai von herrlich blauen Hasenglöckchen gesäumt.

IM EIGENEN GARTEN
Im Garten lassen sich Pflanzen am besten untersuchen. Notiere in einem Notizbuch, welche Pflanzen du findest und wie sie sich im Jahresverlauf entwickeln. Du kannst auch eigene Blumen pflanzen.

ZIMMER MIT AUSSICHT
Wenn du keinen Garten hast, lege dir einfach einen Miniatur-Garten in einem Blumenkasten an. Pflanze Blumen und Kräuter in einen Container und stelle ihn auf die Fensterbank. Du kannst auch ein Loch in einen großen Sack Gartenerde schneiden und ihn draußen als Beetersatz verwenden.

Sonnenblumensamen legst du am besten im Mai in Erde.

INTERNETADRESSEN

- Erfahre mehr über die grünen Fleischfresser.
  www.young-panda.de/wissen/fleischfressende-pflanzen
- Im Regenwald wachsen viele tropische Pflanzen.
  www.abenteuer-regenwald.de/pflanzen.php
- Wenn die Gene der Pflanzen verändert werden.
  www.gene-abc.ch/de/gene-und-ernaehrung/gentechnisch-veraenderte-pflanzen.html

Glossar

ALGEN Einfache Wasserpflanzen ohne Blüten. Es gibt große und mikroskopisch kleine Arten.

ANGIOSPERMEN *siehe* Bedecktsamer

ART Gruppe von Pflanzen oder anderen Lebewesen, die sich miteinander fortpflanzen können. Die einzelnen Individuen einer Art sehen sich meist sehr ähnlich.

AUSDAUERND Pflanze, die mehr als zwei Jahre lebt.

Grünalge

AUSLÄUFER Auf dem Boden kriechender Stängel. Wo er Wurzeln bildet, entsteht eine neue Tochterpflanze.

BEDECKTSAMER Blütenpflanzen, bei denen im Gegensatz zu den Gymnospermen die Samenanlagen, also die weiblichen Eizellen, geschützt im Fruchtknoten liegen, daher der deutsche Name.

BESTÄUBUNG Vorgang, bei dem ein Pollenkorn von einer Pflanze auf die Narbe einer anderen gelangt. Die männliche Zelle im Pollen verschmilzt mit der Eizelle im Fruchtknoten und ein Same entsteht. Der Wind, Insekten oder andere Tiere verbreiten den Pollen.

BLATTACHSE Winkel zwischen Blattstiel und Stängel, oft sitzen hier Knospen.

BLÜTENBLÄTTER Innerer Blattkreis einer Blüte, oft leuchtend gefärbt.

BLÜTENKÖPFCHEN Dicht zusammengesetzter Blütenstand, z. B. bei Korbblütlern wie dem Gänseblümchen.

BLÜTENSTAND Mehrere Blüten, die mehr oder weniger dicht zusammen stehen und z. B. eine Dolde oder Schirm bilden.

BOTANIK Pflanzenkunde, Teilgebiet der Biologie, das sich mit der Pflanzenkunde beschäftigt.

Narzisse

CHLOROPHYLL Grüner Farbstoff in allen Pflanzen, an der Fotosynthese beteiligt.

CHLOROPLAST Winzige Struktur in der Zelle. Hier befindet sich das Chlorophyll und hier wird das Sonnenlicht eingefangen.

DOLDE Schirmförmiger Blütenstand.

EINJÄHRIGE Pflanze, die innerhalb eines Jahres keimt, blüht, Samen bildet und wieder abstirbt.

EINKEIMBLÄTTRIGE Pflanze, deren Samen nur ein Keimblatt enthalten. Die Laubblätter sind meist parallelnervig und schmal.

EINZELBLÜTE Kleine Blüte als Teil einer zusammengesetzten Blüte.

EIZELLE Weibliche Zelle, die nach der Befruchtung durch einen Pollen zum Samen wird.

FOTOSYNTHESE Prozess, bei dem die Pflanze ihre eigene Nahrung herstellt. Chlorophyll reagiert mit dem Sonnenlicht, Kohlendioxid und Wasser, dadurch entstehen Zucker, Wasser und Sauerstoff.

FRUCHTBLÄTTER Weiblicher Teil der Blüte, bestehend aus dem Fruchtknoten mit den Samenanlagen, dem Griffel und der Narbe.

FRUCHTKNOTEN Weibliches Fortpflanzungsorgan, hier entwickeln sich die Samen.

GRIFFEL Verbindungsstück zwischen Fruchtknoten und Narbe.

GYMNOSPERMEN *siehe* Nacktsamer

HOCHBLATT Blatt, das bei manchen Pflanzen direkt unter der Blüte steht oder diese umgibt.

IMMERGRÜN Pflanze, die ihre Blätter im Winter nicht abwirft, z. B. Fichte und Kiefer.

KEIMBLÄTTER Spezielles Blatt, das schon im Samen vorliegt. Meist äußerlich verschieden von den Laubblättern.

KEIMUNG Prozess, wenn ein Same Wurzel und Keimblätter bildet.

KELCHBLÄTTER Äußerer Blattkreis einer Blüte. Breiten sich beim Blühen aus oder fallen ab.

KLETTE Frucht einiger Pflanzen mit Haken und Dornen.

KLETTERPFLANZE Pflanze, die an Zäunen, Wänden o. Ä. emporwächst.

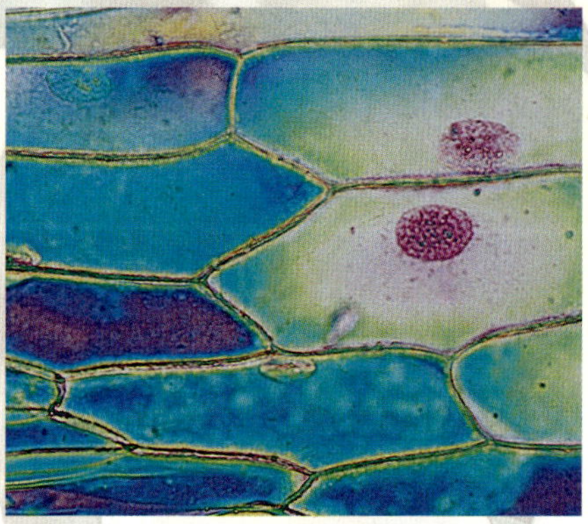

Mikroskopisches Bild einer Pflanzenzelle

KNOLLE Speicherorgan, das von der Wurzel oder dem Spross gebildet wird und Stärke enthält. Die Kartoffel ist eine Sprossknolle.

KNOSPE Kleine Struktur, in der sich ein neues Blatt, ein Trieb oder eine Blüte entwickelt.

LUFTWURZELN Oberirdische Wurzeln. Damit nehmen v. a. Aufsitzerpflanzen Wasser und Nährstoffe aus der Luft und dem Regen auf.

MEHRZELLIG Aus mehreren Zellen bestehend.

NACKTSAMER Pflanzen, deren Samen sich nicht in einem Fruchtknoten entwickeln. Nadelbäume sind Nacktsamer.

NARBE Oberer Teil des Fruchtblatts. Hier werden die Pollen aufgenommen und gelangen durch den Griffel in den Fruchtknoten.

NEKTAR Süße Flüssigkeit am Grund vieler Blüten.

NÜSSCHEN Trockene Frucht mit einem einzelnen Samen. Hahnenfußgewächse bilden Nüsschen.

Erdbeere, eine zweikeimblättrige Pflanze

PANASCHIERT In panaschierten Blättern sind die Blattfarbstoffe unregelmäßig verteilt, was zu Streifen, Flecken oder Marmorierungen führt.

PERIANTH Blütenkrone aus verschiedenartigen Blüten- und Kelchblättern.

PERIGON Blütenkrone mit gleichgestaltigen Blüten- und Kelchblättern (Tepalen).

PETALEN *siehe* Blütenblätter

PFAHLWURZEL Dicke Hauptwurzel, die gerade nach unten wächst.

PHLOEM Röhrensystem in der Pflanze, das Nährstoffe befördert.

PIGMENT Farbstoff, den die Pflanze nutzt, um Sonnenlicht aufzunehmen. Chlorophyll ist ein grünes Pigment.

POLLEN Mikroskopisch kleine Körner, die die männlichen Fortpflanzungszellen enthalten. Sie werden in den Staubbeuteln gebildet.

RANKE Teil der Pflanze, der zu einem langen Faden auswächst und sich um Gegenstände herumwindet, um sich festzuhalten.

RHIZOME Anteil des Sprosses, der sich unter der Erde befindet. Rhizome treiben oft aus und bilden neue Stängel und Blätter.

SAME Struktur, mit der sich Pflanzen vermehren, meist von einer derben Hülle umgeben. Der Same enthält den Embryo und einen Nahrungsvorrat, damit sich die junge Pflanze entwickeln kann.

SAMENSCHALE Harte äußere Hülle des Samens.

Bambus, eine einkeimblättrige Pflanze

Mohnsamen werden vom Wind verbreitet.

SCHMAROTZER Parasitische Pflanze, die auf einer anderen Pflanze, dem Wirt, lebt und ihr Energie und Nahrung raubt. Wird der Schmarotzer zu groß, schadet das dem Wirt.

SEPALEN *siehe* Kelchblätter

SPOREN Fortpflanzungseinheit einiger Pflanzen (z. B. Farne). Sie sind ein- oder wenigzellig.

SPROSS Gesamtheit aller oberirdischen Teile einer Pflanze, also Stängel, Blätter und Blüten.

STÄNGEL Oberirdischer Teil der Pflanze, der die Blätter trägt. Im Inneren verlaufen das Phloem und Xylem für den Transport von Wasser und Nährstoffen.

STÄRKE Der Nahrungsspeicher einer Pflanze enthält v. a. Stärke. Sie besteht aus vielen aneinandergereihten Zuckermolekülen.

STAUBBEUTEL Teil des Staubblatts, der den Pollen trägt.

STAUBBLATT Männliches Blütenblatt, besteht aus dem Filament und dem Staubbeutel.

SPALTÖFFNUNG Winzige Öffnungen in den Blättern, durch die Kohlendioxid, Sauerstoff und Wasserdampf ein- und ausströmt.

TEPALEN Blütenblätter einer Blüte, bei der Blüte- und Kelchblätter gleich aussehen.

VEGETATION Gesamtheit aller Pflanzen in einem Habitat oder einer Region.

VERDUNSTUNG Bewegung des Wassers innerhalb der Pflanze. Das Wasser wird von den Wurzeln aufgenommen und die Pflanze hinauf bis zu den Blättern transportiert, wo es durch winzige Öffnungen entweicht.

WIRTEL Mehrere Blätter, die quirlförmig um den Stängel stehen.

WURZEL Unterirdischer Teil der Pflanze, der sie in der Erde hält und Wasser und Mineralien aufnimmt.

XYLEM Röhrensystem in der Pflanze, befördert Wasser und Mineralien.

Panaschiertes Blatt

ZELLE Kleinste Einheit in einem Lebewesen, nur unter dem Mikroskop sichtbar. Eine Zelle enthält einen Zellkern in einer Flüssigkeit, dem Cytoplasma, und wird von einer Zellwand umgeben.

ZWEIJÄHRIGE Pflanze, die zwei Saisonen lebt: In der ersten keimt sie, in der zweiten bildet sie Blüten und Früchte.

ZWEIKEIMBLÄTTRIGE Pflanzen mit zwei Keimblättern in den Samen. Die Laubblätter sind meist breit mit einem Netzwerk aus Blattadern.

ZWIEBEL Unterirdisches Speicherorgan einiger Blumen, aus dem sich eine neue Pflanze entwickelt.

ZYGOTE Befruchtete Eizelle, entwickelt sich zum Embryo.

Register

Dank und Bildnachweis

Dorling Kindersley dankt Brinsley Burbidge, Valerie Whalley, John Lonsdale, Milan Swaderlig, Andrew McRobb, Marilyn Ward, Pat Griggs von den Royal Botanic Gardens Kew (London). Arthur Chater vom Natural History Museum. David Burnie für fachliche Beratung. Dave King für Extrafotos (S. 8–9) sowie Peter Radcliffe (S. 63). Fred Ford und Mike Pilley von Radius für Gestaltung. Sarah Pond und Will Giles für Illustrationen (S. 12–13, 17, 38).

Poster: Peter Radcliffe, Steve Setford

Der Verlag dankt den folgenden Personen und Institutionen für die freundliche Genehmigung zum Abdruck von Fotos:

(Abkürzungen: o = oben, go = ganz oben, u = unten, m = Mitte, l = links, r = rechts, Hg = Hintergrund)

A-Z Botanical: 55m; Heather Angel/Biofotos: 43gom; 49ml; V. Angel/Daily Telegraph Colour Library: 39um; Australian High Commission: 24gor; 57gor; A.N.T./NHPA: 25mr; J. und M. Bain/NHPA: 11ul; G.I. Bernard/Oxford Scientific Films: 7gol; 46ur; G.I. Bernard/NHPA: 15gor; 18mr; 36m; 40mr; Deni Bown/Oxford Scientific Films: 64um; Bridgeman Art Library: 55mu; 58ur; Brinsley Burbidge/Royal Botanic Gardens, Kew: 50um; 58m; M.Z. Capell/ZEFA: 10gor; James H. Carmichael/NHPA: 53ur; Gene Cox/Science Photo Library: 7m; Stephen Dalton/NHPA: 19gor; 22ml; 30gol; 36gor; 40ml; P. Dayanandan/Science Photo Library: 9gol; Jack Dermid/Oxford Scientific Films: 32ur; Dr. Dransfield/Royal Botanic Gardens, Kew: 45; Mary Evans Picture Library: 44gol; 46ul; 48ml; 56gol, gor; 60gor; 61ur; 62gom; Patrick Fagot/NHPA: 71ul; Robert Francis/South American Pictures: 54gol; Linda Gamlin: 27mr; 29um; Brian Hawkes/NHPA: 23gol; Hulton Picture Library: 42gol; E.A. Janes/NHPA: 28ul; 68ur; Peter Lillie/Oxford Scientific Films: 65u, 67u; Patrick Lynch/Science Photo Library: 6gom; 8ur; Mansell Collection: 8ul; 59um; Marion Morrison/South American Pictures: 59m; Peter Newark's Western Americana: 52ur; Oxford Scientific Films: 66gol; Brian M. Rogers/Biofotos: 46um; Royal Botanic Gardens, Kew: 16gol; 43gol; 60m; 61m; John Shaw/NHPA: 9gor; 64gol, ur; Survival Anglia: 7gol; Silvestris Fotoservice/FLPA: 65gol; John Walsh/Science Photo Library: 15gol; M.I. Walker/NHPA: 70gor; J. Watkins/Frank Lane Picture Agency: 50ul; Alan Williams: 68gor; Rogers Wilmshurst/Frank Lane: 26gor; David Woodfall/NHPA: 68m; Steven Wooster: 69gor.

Poster: Corbis: Visuals Unlimited mro (Chloroplasten)

Cover: *Vorn:* Corbis: Per Makitalo / Johnér Images u.

Weitere Informationen unter www.dkimages.com

Weitere Themen in dieser Reihe:
(Bandnummer in Klammern)

Das alte Ägypten (8)
Das alte Griechenland (21)
Das alte Rom (38)
Autos (25)
Azteken, Inka & Maya (28)
Bedrohte Tiere (5)
Burgen (24)
Christentum (34)
Demokratie (30)
Dinosaurier (1)
Eisenbahnen (19)
Die ersten Menschen (26)
Evolution (50)
Fische (13)
Flugmaschinen (41)
Fossilien (47)
Gesteine & Mineralien (17)
Große Entdecker (12)
Große Musiker (42)
Große Wissenschaftler (33)
Haie (10)
Hunde (39)
Indianer (18)
Insekten (35)
Katzen (23)
Klimawandel (11)
Kriminalistik (44)
Der Mensch (2)
Musikinstrumente (14)
Mythologie (31)
Naturwissenschaften (7)
Ozeane (32)
Pferde (43)
Pflanzen (48)
Piraten (36)
Regenwald (20)
Ritter (16)
Säugetiere (45)
Schätze (6)
Spione (9)
Städte (3)
Teiche & Flüsse (27)
Titanic (22)
Vögel (29)
Vulkane (37)
Wasser (40)
Weltall (15)
Wetter (46)
Wikinger (49)
Wirtschaft (4)